C＋＋编程实战——从 0 到 1

罗 骞 编著

北京航空航天大学出版社

内 容 简 介

本书详细地介绍了C++在实际项目中的具体编程应用,主要内容包括:数据类型,变量声明、范围,控制语句,引用、指针、函数、类与对象、输入输出流、模板和异常处理等。通过这些章节的学习,读者将可以编写自己的模板,以使泛型算法适用于任何类型。通过本书的学习读者将不仅能够编写符合实际应用的代码,而且还能够提高自己编写的程序的可读性、性能和可维护性。

本书可作为高等学校计算机相关专业的程序设计入门教材、计算机技术的培训教材,或者作为全国计算机等级考试的参考用书和编程爱好者自学C++的教材。

图书在版编目(CIP)数据

C++编程实战:从0到1 / 罗骞编著. -- 北京:北京航空航天大学出版社,2021.3

ISBN 978 - 7 - 5124 - 3435 - 6

Ⅰ.①C… Ⅱ.①罗… Ⅲ.①C++语言－程序设计 Ⅳ.①TP312.8

中国版本图书馆 CIP 数据核字(2020)第 257247 号

C++编程实战——从 0 到 1

罗 骞 编著

责任编辑 王慕冰

*

北京航空航天大学出版社出版发行

北京市海淀区学院路 37 号(邮编 100191) http://www.buaapress.com.cn

发行部电话:(010)82317024 传真:(010)82328026

读者信箱:copyrights@buaacm.com.cn 邮购电话:(010)82316936

涿州市新华印刷有限公司印装 各地书店经销

*

开本:710×1 000 1/16 印张:15.5 字数:349 千字

2021 年 3 月第 1 版 2021 年 3 月第 1 次印刷

ISBN 978 - 7 - 5124 - 3435 - 6 定价:69.00 元

前　　言

　　C++是C语言的继承,它既可以进行C语言的过程化程序设计,又可以进行以抽象数据类型为特点的基于对象的程序设计,还可以进行以继承和多态为特点的面向对象的程序设计。C++在擅长面向对象程序设计的同时,还可以进行基于过程的程序设计,因而C++就适应的问题规模而论,大小由之。C++不仅拥有计算机高效运行的实用性特征,同时还致力于提高大规模程序的编程质量与程序设计语言的问题描述能力。

　　在C++中,类是支持数据封装的工具,对象则是数据封装的实现。C++通过建立用户定义类支持数据封装和数据隐藏。在面向对象的程序设计中,将数据和对该数据进行合法操作的函数封装在一起作为一个类的定义。对象被说明为具有一个给定类的变量。每个给定类的对象包含这个类所规定的若干私有成员、公有成员及保护成员。完好定义的类一旦建立,就可看成完全封装的实体,可以作为一个整体单元使用。类的实际内部工作隐藏起来,使用完好定义的类的用户不需要知道类是如何工作的,只要知道如何使用它即可。

　　在C++现有类的基础上可以声明新类型,这就是继承和重用的思想。通过继承和重用可以更有效地组织程序结构,明确类间关系,并且充分利用已有的类来完成更复杂、深入的开发。新定义的类为子类,成为派生类。它可以从父类那里继承所有非私有的属性和方法,作为自己的成员。

　　C++采用多态性为每个类指定表现行为。多态性形成由父类和它们的子类组成的一个树型结构。在这个树中的每个子类可以接收一个或多个具有相同名字的消息。当一个消息被这个树中一个类的一个对象接收时,这个对象动态地决定给予子类对象的消息的某种用法。多态性的这一特性允许使用高级抽象。

　　C++继承性和多态性的组合,可以轻易地生成一系列虽然类似但却独一无二的对象。由于继承性,这些对象共享许多相似的特征。由于多态性,一个对象可有独特的表现方式,而另一个对象有另一种表现方式。

　　正是因为C++具有如此多的优点和如此强大的功能,使其一直在软件排行榜中占据Top5的位置,同时,C++也是目前我们开始课程种类最多、培训学员最多的编程语言。

　　本书编写的过程,就是我近些年C++知识和培训经验的总结。本书中基本涵盖了C++的要点,如数据类型、变量声明、范围,控制语句、引用、指针、函数、类与对象、输入输出流、模板和异常处理等,但是更重要的是,本书中知识点是以实际工作中的具体编程基础来编写的,同时,书中所提到的所有案例,都是我根据实际的项目中遇到的具体需求、实际编程过程和真实问题来编写的。

我相信,通过本书的学习,读者不仅能掌握 C++,能够在实际环境中编写可靠、有效的代码,而且还能够提高自己编写的程序的可读性、性能和可维护性。

C++知识体系庞大复杂,我也在不断地学习更新当中,书中疏漏之处在所难免,恳请广大读者发现问题后不吝指教。

作 者
2020 年 11 月

目　　录

第1章　基础知识

1.1　计算机硬件结构概述

学习编程语言,首先需要了解计算机硬件组成结构,因为用编程语言编写的程序,最终需要在计算机中运行。计算机与程序间属共生关系,二者相互依存,互利共赢:没有程序,计算机就如同没有生命的一堆废铜烂铁;没有计算机,程序就像是无用武之地的英雄,也便失去了存在的意义。所以,了解计算机硬件组成结构是学习编程语言的基础。

从数据的输入到处理完成后的输出来看,计算机主要由 I/O 设备、总线、主存与中央处理器组成,如图 1.1 所示。

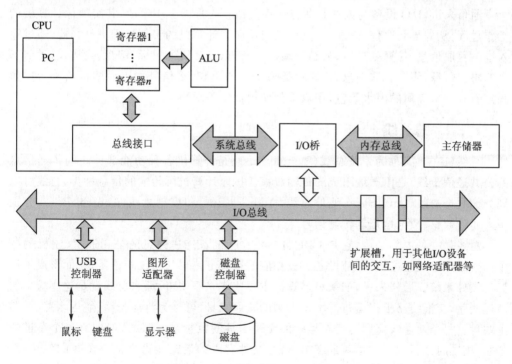

图 1.1　计算机硬件组成结构

1

1.1.1　I/O 设备

I/O 设备(Input/Output Device)是计算机用于输入和输出的设备,主要分为字符设备、块设备和网络通信设备。

① 字符设备(Character Device),又称为人机交互设备。用户通过这些设备实现与计算机系统之间的通信。它们大多以字符为单位传输数据,通信速度较慢。常见的有键盘、鼠标、显卡、显示器、打印机和扫描仪等,还有早期的卡片和纸带输入/输出机。

② 块设备(Block Device),又称为外部存储器。用户通过这些设备实现程序和数据的长期保存。与字符设备相比,它们以块为单位进行传输,传输速度较快。常见的有磁盘、U 盘、磁带和光盘等。

③ 网络通信设备。这类设备主要有网卡、调制解调器等,主要用于与远程设备间的通信。这类设备的传输速度比字符设备快,比块设备慢。

I/O 设备是计算机与外界通信的通道,通过控制器或适配器与 I/O 总线连接。控制器与适配器的主要区别在于封装方式:控制器是 I/O 设备或计算机主板上的芯片组,用于将 CPU 指令翻译为设备可识别的控制信号;而适配器是一个独立的外部设备,用于 I/O 设备与计算机间数据协议的转换。二者在功能上是相同的,通过 I/O 总线,实现 I/O 设备与计算机间的通信。

通俗来讲,I/O 设备与人在某些方面很类似。人每天工作生活,其实很像计算机的工作过程,从外界获取信息、加工,然后做出反应。计算机的工作过程也是如此,通过输入设备获取信息,计算处理后,将结果输出。所以,计算机的鼠标、键盘、扫描仪,类似于人的眼、耳、鼻,用来获取信息;打印机类似于人的手脚,将信息加工后塑造出来。比如画家看到一幅美丽的山水景色,用双手创作出惊艳的图画。

1.1.2　总　　线

总线(Bus),又称为系统总线(System Bus),是计算机各种功能部件之间传送信息的公共通信干线,是由导线组成的传输线束。按照计算机所传输的信息种类,总线可以划分为数据总线(Data Bus)、地址总线(Address Bus)和控制总线(Control Bus),分别用来传输数据、数据地址和控制信号。

总线是一种内部结构,它是 CPU、内存、I/O 设备传递信息的公用通道,主机的各个部件通过总线相连接,外部设备通过相应的接口电路再与总线相连接,从而形成了计算机硬件系统。通俗来讲,如果将计算机主板比作一座城市,那么总线就是这座城市的交通线路,交通线路根据运行的不同类型的交通工具,可分为汽运公路、航运水路、铁路干线等。每条交通线路同时能够运行的交通工具的数量是有限的,如拥有 4 个车道的公路,则同时并行运行的车辆最多为 4 辆,这种有限的运输能力类似于总线的位宽,总线的带宽(总线数据传输速率)等于"总线的工作频率×总线的位宽/8",单位为字节/秒(B/s)。例如数据总线的工作频率为 1 MHz,位宽为 64 bit,那么数据总线的带宽为 8 MB/s,即数据总线每秒最大可传输 8 MB 的数据。

1.1.3 主 存

主存又名主存储器(Main Memory),是一个临时存储设备,用于存储程序和所需的数据,由中央处理器(CPU)随机存取。在物理构成上,主存由一组动态随机存储器(DRAM)芯片组成;在逻辑上,主存是一个线性字节数组,每个字节有一个独立的地址。

现代计算机为兼顾性能与成本,往往采用多级存储体系。即由 CPU 寄存器、高速缓冲存储器(Cache,存储容量小,存取速度快,成本高)、主存储器(容量、速度与成本折中)和磁盘(价格低,容量大但速度较慢),外加远程存储系统(速度慢但容量可以无限),共同构成计算机的存储体系,如图 1.2 所示。

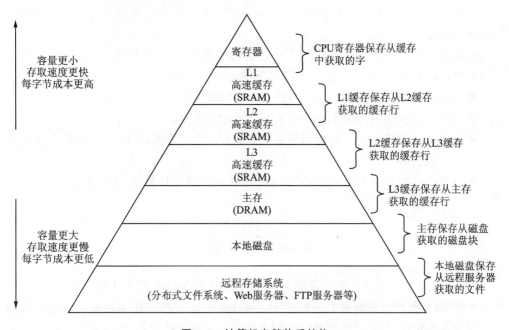

图 1.2 计算机存储体系结构

CPU 寄存器是 CPU 的组成部分,存储一个字长的数据,字长表示 CPU 在一个时钟周期能够处理二进制数的位数。字长由 CPU 中寄存器的位数决定,CPU 可以在一个时钟周期内访问。高速缓存存储器一般会采用多级结构,基于 SRAM 构建,随着级数的递增,速度递减,容量递增,可以在多个时钟周期内访问。主存基于 DRAM 构建,容量大于缓存,小于磁盘;速度低于缓存,高于磁盘,可以在几十到几百个时钟周期内访问。接着是容量大但速度慢的磁盘,访问一次需要几十万到几百万个时钟周期。对于远程的存储系统,需要借助网络传输,速度会更慢。

1.1.4 中央处理器

中央处理器(CPU,Central Processing Unit),是一块超大规模集成电路,是计算机的运算和控制核心,其作用类似于人脑,负责对数据的加工处理和各种控制信号的发送。功能主要是解释执行计算机指令来完成计算。

中央处理器主要包括算术逻辑运算单元(ALU,Arithmetic Logic Unit)、程序计数器(PC,Program Counter)、寄存器组、高速缓冲存储器(Cache)以及用于传输数据、控制及状态的总线。

算术逻辑运算单元,顾名思义,执行各种算术和逻辑运算操作的部件,基本操作包括加、减、乘、除四则运算,与、或、非、异或、移位运算,以及关系运算和逻辑运算等。程序计数器是 CPU 控制部件中的寄存器,用于存放下一条指令的地址。寄存器组包括通用寄存器、专用寄存器和控制寄存器。寄存器拥有非常高的读/写速度,所以在寄存器之间的数据传送非常快。高速缓冲存储器是由 SRAM 组成的高速低容量存储器,用于缓存常用的指令与数据,最重要的技术指标是它的命中率。总线用于 CPU 与其他设备间传输信息。

计算机从开机开始,就不停地从程序计数器中获取指令、分析指令、执行指令,然后更新程序计数器,指向下一条指令。CPU 常见的操作包括:

- 加载——从主存复制一个字节或一个字到寄存器,用于后续运算;
- 存储——从寄存器赋值一个字节或一个字到主存;
- 操作——把两个寄存器的内容复制到 ALU 进行算术运算,并将结果存放到另一个寄存器中;
- 从指令本身中抽取一个字,并将这个字复制到程序计数器,完成更新。

1.2 程 序

程序(Program)是计算机系统的必备元素,这是因为计算机系统由硬件、操作系统及软件构成,而程序又是软件的组成部分。操作系统是管理和控制计算机硬件与软件资源的计算机软件,是直接运行在"裸机"上的最基本的系统软件,任何其他软件都必须在操作系统的支持下才能运行。可见操作系统也是一个特殊的程序,特殊在它扮演着一个统筹管理的角色,类似于国家职能机关,管理着社会大大小小的事务,让社会有条不紊地发展。

程序与软件(Software)的概念不同,但常常因为概念相似而被混淆。软件指程序与其相关文档或其他从属物的集合。一般地,我们视程序为软件的一个组成部分,简单地说,"软件=程序+文档"。比如一个游戏软件包括程序(如 *.exe 等)和其他图片(如 *.bmp 等)、音效(如 *.wav 等)、使用说明(如 readme.txt)等附件,那么这个程序称作"应用程序(Application)",而它与其他文件(图片、音效等)在一起合称"软件"。

本质上,程序是在计算机中执行的一系列指令,用于完成特定的任务,通常用某种程序设计语言编写。程序与编程语言、计算机和操作系统的关系,好比餐厅中完成一道酸菜鱼,厨房经理(操作系统)协调安排某厨师(计算机)按照某语言(如汉语)编写的菜谱(程序),使用各种食材(鱼、八角、料酒等),烹饪出美味的酸菜鱼。软件可以看作菜谱和各种食材的集合,以实现特定的功能(烹饪美食)。

通常,代码文本文件经过预处理、编译、汇编和链接,生成人们不易理解的二进制指令文本,供计算机执行,这种二进制指令文件即为可执行的计算机程序。未经编译可解释运行的程序通常称为脚本程序,未经编译不可执行的代码文件称为源文件。下面以 C 语言为例,介绍一下学习编程语言的经典样例 helloword 程序的执行过程。源文件 helloworld.c 如下:

```
# include <stdio.h>

int main(int argc,char * argv[])
{
    printf("hello world\n");
    return 0;
}
```

使用 g++ helloworld.c 编译默认生成名为 a.out 的可执行文件,执行输出结果为"hello world"。程序执行过程经历了如下步骤:

① 二进制可执行文件 a.out 存储在磁盘上,由 CPU 或 DMA 将 a.out 加载到主存,加载的数据包括指令和待输出的字符串"hello world";

② CPU 依次从内存读取指令,执行指令,将"hello world"复制到寄存器;

③ CPU 将"hello world"从寄存器复制到标准输出(默认为显示器)。

对于程序的理解,计算机科学家 Niklaus Wirth(尼古拉斯·沃斯)从本质上给出了简洁的定义:程序=算法+数据结构。所以请记住,软件=程序+文档=算法+数据结构+文档。

1.3　进程与线程

在开发工作中,尤其是对负载较大的服务端程序的开发,为充分发挥处理器的多核性能,提高硬件资源的利用率,增加系统的吞吐量,少不了并发编程。并发编程一般通过多进程和多线程的方式实现。

进程(Process)是计算机中的程序关于某数据集合上的一次运行活动,是系统进行资源分配的基本单位。程序是静态实体,进程则是动态的运行实体。操作系统为了使多个程序并发执行,提高 CPU 的利用率,故引入进程对程序进行管理。一个程序通常有多个功能模块,假设一个应用程序由两部分组成,即计算部分和 I/O 部分,在未引入进程之前,计算部分和 I/O 部分不能并发执行,更不能并行执行,即运行计算部分,需要 I/O 部分执行完成;反之,执行 I/O 部分,需要计算部分执行完成。这样的运行模式是对资源的极大浪费,因为 I/O 部分在运行时,CPU 是空闲的;在计算部分运行时,

I/O 设备是空闲的。为了提高硬件资源的利用率和系统性能,可以使用进程来管理计算部分和 I/O 部分,分别称之为计算进程和 I/O 进程,那么此时计算进程和 I/O 进程可以同时运行,并行操作,因此极大地提高了系统性能和硬件资源的利用率。在单个程序中同时运行多个进程完成不同的工作,称为多进程。

上面使用进程来管理单个程序的不同功能模块,使单个程序的不同功能模块可以并行执行。使用进程来管理程序,也可以使多个程序之间并发执行。程序是指令、数据及其组织形式的描述;进程是程序能够独立运行的活动实体,由一组机器指令、数据和堆栈等组成。进程拥有三种状态,即就绪状态(Ready State)、运行状态(Running State)和阻塞状态(Blocked State)。就绪状态指进程已获得除处理器外的所需资源,等待分配处理器资源,只要分配了处理器就可以执行。就绪进程可以按多个优先级来划分队列,高优先级队列中排队的进程将优先获得处理器资源,进入运行状态。运行状态指进程占用处理器资源处于执行状态,处于此状态的进程数目小于或等于处理器的数目。阻塞状态指进程等待某种条件(如 I/O 操作或进程同步),在条件满足之前,即使把处理器资源分配给该进程,也无法运行。

线程(Thread)是进程中的一个实体,是系统中独立运行和调度的基本单位,亦被称为轻量级进程(Light Weight Process,LWP)。因进程拥有系统资源,在不同进程之间切换和调度,付出的开销较大,所以提出了比进程更小、更轻量的单位线程,作为操作系统执行和调度的基本单位。由于线程自己不拥有系统资源,只拥有在运行中必不可少的少部分资源,但它可与同属一个进程的其他线程共享进程所拥有的全部资源(如 CPU、堆栈等),所以调度起来付出的开销更小。线程也有就绪、运行和阻塞三种基本状态。在单个进程中同时运行多个线程完成不同的工作,称为多线程。

进程和线程都是程序运行时衍生的概念,容易混淆,下面介绍其具体的区别。

① 定义不同。进程是系统分配资源的独立单元,而线程是执行和调度的基本单元。

② 所属不同。进程属于程序,线程属于进程。进程结束后它拥有的所有线程都将销毁,而线程的结束不会影响同个进程中的其他线程。

③ 通信机制不同。进程间不共享资源,通信需要特殊手段,如管道、FIFO、信号等,线程间共享进程资源,直接通信。由于多个线程共享进程资源,对临界资源访问时,往往涉及线程间的同步问题。

④ 创建方式不同。Linux 中,进程的创建调用 fork 或者 vfork,而线程的创建调用 pthread_create。

⑤ 安全性不同。因为进程有独立的地址空间,一个进程崩溃后,在保护模式下不会对其他进程产生影响,而线程只是一个进程中的不同执行路径,一个线程死掉,整个进程也会死掉。所以进程的安全性会高于线程。

下面演示 Linux 环境下,分别使用多进程和多线程方式将两部分标准输出并行化。首先看一下串行程序:

```
# include <stdio.h>
```

```c
int main(int argc,char * argv[])
{
    //第一部分标准输出,从 0 输出到 9
    for(int i = 0;i < 10;++ i)
    {
        printf("part one % d\n",i);
    }
    //第二部分标准输出,从 0 输出到 9
    for(int i = 0;i < 10;++ i)
    {
        printf("part two % d\n",i);
    }
}
```

多进程方式:

```c
# include <unistd. h>
# include <sys/types. h>
# include <sys/wait. h>

# include <stdio. h>
# include <stdlib. h>

int main(int argc,char * argv[])
{
    pid_t pid = 0;

    //创建子进程,程序开始分叉,分为父子进程
    pid = fork();

    //一次 fork()返回两次,父进程中返回子进程 ID,子进程返回 0,出错返回 - 1
    if(0 == pid)
    {
        //子进程进行第一部分标准输出,从 0 输出到 9
        for(int i = 0;i < 10;++ i)
        {
            printf("in child process part one % d\n",i);
        }
        exit(0);
    }
    else if(pid > 0)
    {
        //父进程中进行第二部分标准输出,从 0 输出到 9
```

```
        for(int i = 0;i < 10; ++ i)
        {
            printf("in parent process part two % d\n",i);
        }

        int childStatus = 0;
```
        //父进程中阻塞式等待子进程结束并回收子进程资源。若子进程已经结束,则立即返回;若子进程未结束,则阻塞等待,直到有信号来到或子进程结束
        //成功返回子进程 ID,失败返回 - 1
```
        int ret = waitpid(pid,&childStatus,0);
        if(ret == pid)
        {
            printf("wait child process % d successfully! \n",ret);
        }
    }
    else
    {
        perror("fork");
    }
}
```

输出结果如下:

in parent process part two 0

in parent process part two 1

in parent process part two 2

in child process part one 0

in parent process part two 3

in child process part one 1

in parent process part two 4

in child process part one 2

in child process part one 3

in child process part one 4

in parent process part two 5

in parent process part two 6

in parent process part two 7

in parent process part two 8

in parent process part two 9

in child process part one 5

in child process part one 6

in child process part one 7

in child process part one 8

in child process part one 9

wait child process 3194 successfully!

从输出结果可以看出,两部分输出出现交叉的情况,表明输出实现了并行。
下面看一下多线程实现方式:

```c
#include <pthread.h>

#include <stdio.h>

//线程函数 1。函数结束,线程结束
void * threadFunc1(void * args)
{
    //线程 1 进行第一部分标准输出,从 0 输出到 iterateNum
    int iterateNum = * (int * )args;
    for(int i = 0;i < iterateNum; ++ i)
    {
        printf("in thread1 part one % d\n",i);
    }
}


//线程函数 2。函数结束,线程结束
void * threadFunc2(void * args)
{
    //线程 1 进行第一部分标准输出,从 0 输出到 iterateNum
    int iterateNum = * (int * )args;
    for(int i = 0;i < iterateNum; ++ i)
    {
        printf("in thread2 part two % d\n",i);
    }
}


int main(int argc,char * argv[])
{
    int args = 10;
    pthread_t thread1ID = 0,thread2ID = 0;

    //创建线程 1
    pthread_create(&thread1ID,NULL,threadFunc1,&args);
    //创建线程 2
    pthread_create(&thread2ID,NULL,threadFunc2,&args);

    //阻塞等待线程 1 结束并回收资源
    int ret1 = pthread_join(thread1ID,NULL);
    if(0 == ret1)
    {
```

```
        printf("thread1 %zu finished\n",thread1ID);
    }
    //阻塞等待线程 2 结束并回收资源
    int ret2 = pthread_join(thread2ID,NULL);
    if(0 == ret2)
    {
        printf("thread2 %zu finished\n",thread2ID);
    }
}
```

输出结果如下：

in thread1 part one 0

in thread1 part one 1

in thread1 part one 2

in thread1 part one 3

in thread1 part one 4

in thread1 part one 5

in thread2 part two 0

in thread2 part two 1

in thread2 part two 2

in thread1 part one 6

in thread1 part one 7

in thread1 part one 8

in thread1 part one 9

in thread2 part two 3

in thread2 part two 4

in thread2 part two 5

in thread2 part two 6

in thread2 part two 7

in thread2 part two 8

in thread2 part two 9

thread1 139932212193024 finished

thread2 139932203800320 finished

同样地，从数据结果的交叉情况可以看出，两部分输出实现了并行。

上面在介绍进程与线程的区别时，多次提及并发（Concurrency）与并行（Parallelism）的概念，二者虽很相似，却有着本质的区别。下面简单地介绍一下二者的概念和区别。

并行指两个或多个事件在同一时刻发生，并发指两个或多个事件在同一时间间隔内发生。在多道程序环境下，并发性是指在一段时间内宏观上有多个程序在同时运行；但在单处理机系统中，每一时刻却仅能有一道程序执行，故微观上这些程序只能是分时地交替执行。倘若在计算机系统中有多个处理机，则这些可以并发执行的程序便可被分配到多个处理机上,即利用每个处理机来处理单个程序,这样多个程序便可以同时执行,也就实现了并行执行。

这里引用 Erlang 之父 Joe Armstrong 对并发与并行区别的形象描述。首先看一下图 1.3。

并发=两个队列一台咖啡机

并行=两个队列两台咖啡机

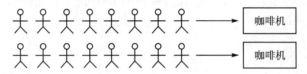

图 1.3   并发与并行的区别

并发是两个等待队列中的人同时去竞争一台咖啡机,谁先竞争到咖啡机谁使用;而并行是每个队列都拥有自己的咖啡机,两个队列之间没有竞争的关系。因此,并发意味着多个执行实体(人)需要竞争资源(咖啡机),就不可避免地带来竞争和同步的问题;而并行则是不同的执行实体拥有各自的资源,相互之间互不干扰。如果是串行执行的话,一个队列使用一台咖啡机,那么哪怕最前面的人便秘了去厕所待半天,后面的人也只能等着他回来才能去接咖啡,这效率无疑是最低的。所以,现在操作系统中会引入并发与并行的机制来提高系统效率。

可以用一句话总结并行与并发的区别:并发是逻辑上的同时发生,并行是物理上的同时发生。

说到并发与并行,为提高系统效率,计算机在不同层次上使用了并行技术,按系统层次结构由低到高主要有:

① 位级并行(Bit-level Parallelism)。基于处理器的字长,如 64 位的 CPU 能在同一时间内处理字长为 64 位的二进制数据,比 32 位字长的 CPU 多处理一倍的数据。

② 数据级并行(Data-level Parallelism)。单指令多数据流(SIMD)是一种实现数据级并行的技术。SIMD 表示一条指令可以同时完成多个操作。以加法指令为例,单指令单数据流(SISD)型 CPU 一条指令只能完成一对操作数相加,SIMD 一条指令可以同时完成多对操作数相加。

③ 指令级并行(Instruction-level Parallelism)。计算机处理问题是通过指令实现的,当指令之间不存在相关时,它们在流水线中是可以重叠起来并行执行的。指令级并行基于流水线(Pipeline)技术,将一条指令所需的活动划分成不同的步骤,每个步骤交

由不同的硬件处理,不同指令的相同步骤并行执行,达到指令级并行。

④ 线程级并行(Thread - level Parallelism)是上文中提到的通过多线程并行执行来提高系统效率,硬件基础是超线程与多核处理器。超线程允许一个单核 CPU 同时执行多个控制流(线程),多核处理器的不同核心能够同时执行线程。举例来说,4 核的 Intel Core i7 处理器,配合超线程技术,可以并行执行 8 个线程。

⑤ 任务级并行(Task Parallelism)。将作业分解为可并行处理的多个任务,每个任务则被分配在分布式计算系统的各个计算节点中完成。

1.4 定点数与浮点数

计算机中数值的表示有两种形式:定点数(Fixed - point Number)和浮点数(Floating - point Number)。

1.4.1 定点数

1. 定点数的表示形式

定点数指小数点在数中位置固定不变的数。定点数分为定点整数和定点小数,由于小数点位置固定不变,所以存储时小数点不进行存储,按照约定的位置计算数值。原理上讲,小数点可以位于任何位置,但通常将定点数表示成纯小数或纯整数。

假设以机器字长 n 位表示定点数,从右至左,从低位到高位分别为 $x_1, x_2, x_3, \cdots, x_{n-1}, x_n$,其中 x_n 取值 0 和 1 分别表示正号和负号。如此,对于任意一个定点数 $x = x_n x_{n-1} \cdots x_2 x_1$,在定点机器中可表示为

x_n	$x_{n-1} x_{n-2} \cdots x_2 x_1$
符号	数值(尾数)

如果 x 表示的是纯小数,那么小数点位于 x_n 与 x_{n-1} 之间;如果 x 表示的是纯整数,那么小数点位于 x_1 的右边。

2. 定点数的原码、反码与补码

定点数是我们日常生活中使用的数,如十进制定点正整数 53_{10},二进制表示为 110101_2,我们看不到小数点,但可以认为小数点在数值最后一位的后面,省略不写。二进制 110101_2 即为 53_{10} 原码。对于负整数的表示,由最高位符号位为 1 表示负数,假如使用 8 位来表示 -53_{10},那么 -53 的原码为 10110101_2。实际上,计算机对定点数的存储采用补码的形式,原码到补码的转换规则如下:

正数:原码=反码=补码

负数:反码=原码符号位为 1 不变,其他位取反

补码=反码+1

需要注意的是,定点小数的补码由反码加 1,这个"1"是加在小数部分的最后一位。以 8 位为例,53 与 -53 的原码、反码与补码具体表示如下:

$$[53]_原=[53]_反=[53]_补=00110101_2$$
$$[-53]_原=10110101_2$$
$$[-53]_反=11001010_2$$
$$[-53]_补=11001011_2$$

负整数的补码与原码不同,为何计算机中负整数的补码计算规则采用上述方式呢?因为计算机为了便于运算,将减法变为加法,才将整数以补码的形式存储。以时钟为例,假设现在 1 点,时钟为 4 点,将时钟矫正有两种方式:一是将时针后退 $4-1=3$ 格;二是将时针向前拨 $12-3=9$ 格。由此可见,减 3 和加 9 是等价的,因为 9 是(-3)对 12 的补码,数学公式为

$$-3=+9\ (\mathrm{mod}\ 12)$$

上式在数学上为同余式,mod 12 表示 12 是模数。计算机中以 32 bit 有符号整型数值为例,除去一个符号位,数值位共 31 位,那么模是 2^31。

对于定点数,由补码转换为十进制数值的规则如下:

十进制数值=(-1)×符号位×符号位位权+其他位×其他位权

根据上面的转换规则,对于正整数补码 00110101_2,转换为十进制数值过程如下:

十进制数值=$(-1)×0×2^7+1×2^5+1×2^4+0×2^3+1×2^2+0×2^1+1×2^0=$
$$32+16+4+1=53_{10}$$

对于负整数 -53_{10} 的补码 11001011_2 转为 -53_{10} 的过程如下:

$(-1)×1×2^7+1×2^6+0×2^5+0×2^4+1×2^3+0×2^2+1×2^1+1×2^0=$
$$-128+64+8+2+1=-53_{10}$$

当把 53 除以 2 时,得到的结果是 26.5,此时 26.5 为十进制定点小数,转换为二进制为 11010.1_2。类似于定点二进制整数转换为十进制整数,根据每个比特位的位权,同样可以将定点二进制小数转换为十进制小数,转换过程如下:

$$11010.1_2=1×2^4+1×2^3+0×2^2+1×2^1+0×2^0+1×2^{-1}$$
$$=16+8+2+0.5=26.5$$

3. 定点小数注意事项

对于定点小数的存储,实际上,计算机不存储小数点,但小数点的位置必须知道,不然计算机无法知道真实数值。计算机如何知道小数点的位置呢?那么就需要有一个定点小数的规范。假设机器字长为 8 bit,我们规定从左至右,第一位为符号位,接着后 5 位表示定点小数的整数部分,后两位表示定点小数的小数部分,那么 26.5_{10} 的实际存

储形式为 01101010。由于对定点小数并无统一的规范,且数值表示的范围和精度有限,所以普通计算机对于小数的表示采用浮点数形式,C/C++中也没有定点小数类型,一般采用单精度浮点数 float 和双精度浮点数 double 来表示小数。

1.4.2 浮点数

1. 浮点数的存储格式

浮点数(Floating-point Number)是一种对于实数的近似值数值表示法,由一个有效数字(即尾数)加上幂数来表示,通常是乘以某个基数的整数次幂得到。以这种表示法表示的数值,称为浮点数。表示方法类似于基数为 10 的科学计数法。利用浮点数进行运算,称为浮点计算,这种运算通常伴随着因为无法精确表示而进行的近似或舍入。

计算机对浮点数的表示规范遵循电气电子工程师协会(IEEE)推出的 IEEE754 标准,浮点数在 C/C++中对应 float 和 double 类型,我们有必要知道浮点数在计算机中实际存储的内容。

IEEE754 标准中规定,float 单精度浮点数在机器中用 1 位表示数字的符号,用 8 位来表示指数,用 23 位来表示尾数,即小数部分。对于 double 双精度浮点数,用 1 位表示符号,用 11 位表示指数,52 位表示尾数,其中指数域称为阶码。IEEE754 浮点数的格式如图 1.4 所示。

IEEE Floating Point Representation

s	exponent	mantissa
1 bit	8 bit	23 bit

IEEE Double Precision Floating Point Representation

1 bit	11 bit	52 bit
s	exponent	mantissa

图 1.4　IEEE754 浮点数格式

注意:IEEE754 规定浮点数阶码 E 采用"指数 e 的移码-1"来表示,请记住这一点。为什么指数移码要减去 1? 这是 IEEE754 对阶码的特殊要求,以满足特殊情况,如对正无穷的表示。

2. 浮点数的规格化

若不对浮点数的表示做出明确的规定,同一个浮点数的表示就不是唯一的。例如 $(1.75)_{10}$ 可以表示成 $1.11 * 2^0$、$0.111 * 2^1$、$0.0111 * 2^2$ 等多种形式。当尾数不为 0 时,尾数域的最高有效位为 1,这称为浮点数的规格化。否则,以修改阶码同时左右移动小数点位置的办法,使其成为规格化数的形式。

3. 单精度浮点数真值

IEEE754 标准中,一个规格化 32 位的浮点数 x 的真值表示为

$$x=(-1)^S\times(1.M)\times2^e$$
$$e=E-127$$

其中尾数域值是 1. M。因为规格化的浮点数的尾数域最左位总是 1，所以这一位不予存储，而认为隐藏在小数点的左边。

在计算指数 e 时，对阶码 E 的计算采用原码的计算方式。移码（又叫增码）是对真值补码的符号位取反，一般用作浮点数的阶码，引入的目的是便于浮点数运算时的对阶操作。将移码转换为补码，可以求其真值。因此 32 位浮点数的 8 位的阶码 E 的取值范围是 0～255。其中当 E 为全 0 或者全 1 时，是 IEEE754 规定的特殊情况，下文会另外说明。

4. 双精度浮点数真值

64 位浮点数中符号为 1 位，阶码域为 11 位，尾数域为 52 位，指数偏移值是 1 023。因此规格化的 64 位浮点数 x 的真值为

$$x=(-1)^S\times(1.M)\times2^e$$
$$e=E-1023$$

1.4.3 浮点数的具体表示

1. 十进制到机器码

(1) 0.5

$0.5=(0.1)_2$，符号位 S 为 0，指数为 $e=-1$，规格化后尾数为 1.0。

单精度浮点数尾数域共 23 位，右侧以 0 补全，尾数域为

$$M=[000\ 0000\ 0000\ 0000\ 0000\ 0000]_2$$

阶码 E 为

$$E=[-1]_移-1=[0111\ 1111]_2-1=[0111\ 1110]_2$$

对照单精度浮点数的存储格式，将符号位 S、阶码 E 和尾数域 M 存放到指定位置，得 0.5 的机器码为

$$0.5=[0011\ 1111\ 0000\ 0000\ 0000\ 0000\ 0000\ 0000]_2$$

十六进制表示为 0.5＝0x3f000000。

(2) 1.5

$1.5=[1.1]_2$，符号位为 0，指数 $e=0$，规格化后尾数为 1.1。

尾数域 M 右侧以 0 补全，得尾数域为

$$M=[100\ 0000\ 0000\ 0000\ 0000\ 0000]_2$$

阶码 E 为

$$E=[0]_{移}-1=[1000\ 0000]_2-1=[0111\ 1111]_2$$

得 1.5 的机器码为

$$1.5=[0011\ 1111\ 1100\ 0000\ 0000\ 0000\ 0000\ 0000]_2$$

十六进制表示为 1.5=0x3fc00000。

(3) −12.5

$-12.5=[-1100.1]_2$,符号位 S 为 1,指数 e 为 3,规格化后尾数为 1.1001。尾数域 M 右侧以 0 补全,得尾数域为

$$M=[100\ 1000\ 0000\ 0000\ 0000\ 0000]_2$$

阶码 E 为

$$E=[3]_{移}-1=[1000\ 0011]_2-1=[1000\ 0010]_2$$

得−12.5 的机器码为

$$-12.5=[1100\ 0001\ 0100\ 1000\ 0000\ 0000\ 0000\ 0000]_2$$

十六进制表示为−12.5=0xc1480000。

2. 机器码到十进制

若浮点数 x 的 IEEE754 标准存储格式为 0x41360000,那么其浮点数的十进制数值的推演过程如下:

$$0x41360000=[0\ 10000010\ 011\ 0110\ 0000\ 0000\ 0000\ 0000]$$

根据该浮点数的机器码得到符号位 S=0,指数 e=阶码−127=1000 0010−127=130−127=3。

注意:当根据阶码求指数时,既可以像上面直接通过"阶码−127"求得指数 e,也可以将 $阶码+1=移码$,再通过移码求其真值便是指数 e。如上面阶码 $10000010+1=10000011_{[移码]}=> 00000011_{[补]}=3(指数\ e)$。

包括尾数域最左边的隐藏位 1,那么尾数 1.M=1.011 0110 0000 0000 0000 0000=1.011011。

于是有

$$x=(-1)^S\times1.M\times2^e=+(1.011011)\times2^3=$$
$$+1011.011=(11.375)_{10}$$

3. 浮点数的几种特殊情况

(1) 0 的表示

对于阶码为 0 或 255 的情况,IEEE754 标准有特别的规定:

如果阶码 E=0 并且尾数 M 是 0,则这个数的真值为±0(正负号和数符位有关)。

因此+0 的机器码为 0 00000000 000 0000 0000 0000 0000 0000。

−0 的机器码为 1 00000000 000 0000 0000 0000 0000 0000。

需要注意一点,浮点数不能精确地表示 0,而是以很小的数来近似表示 0,因为浮点数的真值等于(以 32 位单精度浮点数为例):

$$x=(-1)^S\times(1.M)\times2^e$$
$$e=E-127$$

那么+0 的机器码对应的真值为 1.0×2^{-127}。同理,−0 机器码真值为 -1.0×2^{-127}。

(2) $+\infty$ 和 $-\infty$ 的表示

如果阶码 E=255 并且尾数 M 全是 0,则这个数的真值为±∞(同样和符号位有关)。因此+∞的机器码为 0 11111111 000 0000 0000 0000 0000 0000。−∞的机器码为 1 11111111 000 0000 0000 0000 0000 0000。

(3) NaN(Not a Number)

如果 E=255 并且 M 不是 0,则这不是一个数(NaN)。

1.4.4 浮点数的精度和数值范围

1. 浮点数的数值范围

根据上面的探讨,浮点数可以表示−∞～+∞,这只是一种特殊情况,显然不是我们想要的数值范围。

以 32 位单精度浮点数为例,阶码 E 由 8 位表示,取值范围为[0,255],去除 0 和 255 这两种特殊情况,那么指数 e 的取值范围为−126(1−127)～127(254−127)。

(1) 最大正数

单精度浮点数最大正数值的符号位 S=0,阶码 E=254,指数 e=254−127=127,尾数 M=111 1111 1111 1111 1111 1111,其机器码为 0 11111110 111 1111 1111 1111 1111 1111。

最大正数值为

$$PosMax=(-1)^S\times1.M\times2^e=$$
$$+(1.111\ 1111\ 1111\ 1111\ 1111\ 1111)$$
$$\times2^{127}\approx3.402823e+38$$

这是一个很大的数。

(2) 最小正数

最小正数符号位 S=0,阶码 E=1,指数 e=1−127=−126,尾数 M=0,其机器码为 0 00000001 000 0000 0000 0000 0000 0000。

最小正数为

$$PosMin=(-1)^S\times1.M\times2^e=$$
$$+(1.0)\times2^{-126}\approx1.175494e-38$$

这是一个相当小的数,几乎可以近似等于 0。当阶码 E＝0,指数为－127 时,IEEE754 就是这么规定 1.0×2^{-127} 近似为 0 的。事实上,它并不等于 0。

(3) 最大负数

最大负数符号位 S＝1,阶码 E＝1,指数 e＝1－127＝－126,尾数 M＝0,机器码与最小正数的符号位相反,其他均相同,为 1 00000001 000 0000 0000 0000 0000 0000。

最大负数为

$$NegMax=(-1)^S\times1.M\times2^e=-(1.0)\times2^{-126}$$
$$\approx-1.175494e-38$$

(4) 最小负数

符号位 S＝0,阶码 E＝254,指数 e＝254－127＝127,尾数 M＝111 1111 1111 1111 1111 1111,其机器码为 1 11111110 111 1111 1111 1111 1111 1111。

计算得

$$NegMin=(-1)^S\times1.M\times2^e$$
$$=+(1.111\ 1111\ 1111\ 1111\ 1111\ 1111)\times2^{127}$$
$$=-3.402823e+38$$

2. 浮点数的精度

浮点数的精度是指浮点数的小数位所能表达的位数。阶码的二进制位数决定浮点数的表示范围,尾数的二进制位数表示浮点数的精度。以 32 位浮点数为例,尾数域有 23 位。那么浮点数若以二进制表示,则精度是 23 位,23 位所能表示的最大数是 $2^{23}-1=8388607$,所以十进制的尾数部分最大数值是 8 388 607,也就是说,尾数数值超过这个值,float 将无法精确地表示,所以 float 最多能表示小数点后 7 位,但绝对能保证的为 6 位,也即 float 的十进制的精度为 6~7 位。

64 位双精度浮点数的尾数域为 52 位,因为 $2^{52}-1=4,503,599,627,370,495$,所以双精度浮点数的十进制的精度最高为 16 位,绝对保证的为 15 位,所以 Double 的十进制的精度为 15~16 位。

1.5　字符编码

字符编码(Character Encoding)是计算机显示文本的基础,是每一位 IT 从业者必知的计算机基础知识点,其基础和重要性如同数值在计算中如何存储表示。至今,字符编码因地域问题,有很多不同的方案,常见的有 ASCII、Latin1、ANSI、GBK、Unicode、UCS2、UCS4、UTF8 等,以及与字符编码的相关概念,如 BOM、BMP、Little Endian、Big Endian、代码页(Code Page)等,下面简单地了解一下。

1.5.1 ASCII

ASCII(American Standard Code for Information Interchange,美国信息交换标准代码)是基于拉丁字母的一套计算机编码系统,是 20 世纪 60 年代由美国制定的一套字符编码,将英语字符与二进制位之间做了统一规定,主要用于显示现代英语和其他西欧语言。它是现今最通用的单字节编码系统,已被国际标准化组织(ISO)定为国际标准,称为 ISO/IEC 646。

ASCII 编码一共规定了 128 个字符的编码,如空格"SPACE"是 32(二进制 00100000),大写的字母 A 是 65(二进制 01000001)。这 128 个符号(包括 32 个不能打印出来的控制符号),只占用了一个字节的后面 7 位,最前面的一位统一规定为 0。

1.5.2 Latin1

Latin1 是国际标准编码 ISO - 8859 - 1 的别名。Latin1 也是单字节编码,是在 ASCII 编码的基础上,利用了 ASCII 未利用的最高位,扩充了 128 个字符,因此 Latin1 可以表示 256 个字符,并向下兼容 ASCII。Latin1 收录的字符除 ASCII 收录的字符外,还包括西欧语言、希腊语、泰语、阿拉伯语、希伯来语对应的文字符号。欧元符号出现得比较晚,没有被收录在 ISO - 8859 - 1 当中,在后来的修订版 ISO - 8859 - 15 中加入了欧元符号。Latin1 的编码范围是 0x00~0xFF,ASCII 的编码范围是 0x00~0x7F。

Latin1 相对于 ASCII 而言,较少被提及,其实 Latin1 的使用还是比较广泛的,如 MySQL 的数据表存储默认编码就是 Latin1。

1.5.3 ANSI

说到 ANSI,大家也许会认为是美国国家标准委员会(American National Standards Institute),但此处的 ANSI 是指字符编码。

每个国家和地区为了表示自己的文字字符,各自制定了不同的编码标准,由此产生了 GB2312、GBK、GB18030、Big5、Shift_JIS 等不同的编码。ANSI 编码不是单一明确的字符编码,是对不同国家和地区不同编码的一个统称,根据当前系统的语言环境采用相应的编码方式。例如,Windows 环境下通过代码页(Code Page)来区分具体编码,若将代码页设置为936,则 ANSI 代表 GBK(简体中文);若代码页设置为950,则 ANSI 代表 Big5(繁体中文);若代码页设置为932,则 ANSI 代表 Shift_JIS(日文)。可见,代码页是具体字符编码的代号。

ANSI 编码最常见的应用就是在 Windows 的记事本程序中,当新建一个记事本时,默认的保存编码格式就是 ANSI。不同 ANSI 编码之间互不兼容,当信息在国际间交流时,就时常会出现令人头痛的乱码问题。要想查看 Windows 系统使用的代码页,在命令行输入 chcp 命令后按回车键查看。

1.5.4　中文编码

本小节讨论的内容主要围绕中文编码的发展以及各自编码之间的关系。在计算机史上,中国大陆以及台湾、香港等地区自行研发的中文编码方案主要有 GB2312、GBK、GB18030 和 BIG5,下面将一一讲解其大致的发展和特点。

1. GB2312

GB2312(又名 GB2312—80)是中华人民共和国国家标准简体中文字符集,全称《信息交换用汉字编码字符集》,由中国国家标准总局于 1980 年发布,1981 年 5 月 1 日实施。GB2312 通行于中国大陆,新加坡等地也采用此编码。中国大陆几乎所有的中文系统和国际化的软件都支持 GB2312。

GB2312 标准共收录 6 763 个汉字,其中一级汉字 3 755 个,二级汉字 3 008 个,同时收录了包括拉丁字母、希腊字母、日文平假名及片假名字母、俄语西里尔字母在内的 682 个字符。GB2312 的出现,基本满足了汉字的计算机处理需要,它所收录的汉字已经覆盖中国大陆 99.75% 的使用频率,但对于人名、古汉语等方面出现的罕用字和繁体字,GB2312 不能处理,因此后来 GBK 以及 GB18030 汉字字符集的相继出现解决了这些问题。

GB2312 中,如果一个字节是 0～127,那么这个字节的含义同 ASCII 编码,否则,这个字节和下一个字节共同组成汉字(或者是 GB2312 定义的其他字符)。所以 GB2312 对 ASCII 编码是兼容的。也就是说,如果一段用 GB2312 编码的文本里所有字符都在 ASCII 中有定义,那么这段编码和 ASCII 编码完全一样。

2. GB13000、GBK 及 GB18030 的由来

GB 编码早期收录的汉字不足 1 万个,基本能满足日常使用需求,但不包含一些生僻字,后来在一个个新版本中加进去。最早的 GB 编码是 GB2312,由于 GB2312—80 只收录 6 763 个汉字,根本不够用。1993 年,随着 Unicode 1.1 版本的推出,收录中国大陆和台湾地区以及日本、韩国通用字符集的汉字,总共有 20 902 个。同年,我国制定了等同于 Unicode 1.1 版本的国家中文编码标准 GB13000(全称为 GB13000.1—93),采用双字节编码,但因其与 GB2312 不兼容,没有照顾到市场上软件厂商的感情,又因为大部分中文软件都采用了 GB2312,所以一时间,GB13000 并没有得到广泛的应用,现如今已是废弃的标准,这也是我们很少听到这个编码标准的原因。

GB13000 虽然没有得到应用,但是收录了很多 GB2312 没有收录的汉字,还是起到了一定的作用。例如部分在 GB2312—80 推出以后才简化的汉字(如"啰"),部分人名用字(如中国前总理朱镕基的"镕"字),台湾及香港地区使用的繁体字,日语及朝鲜语中的汉字等。参考 GB13000 收录的汉字,微软利用 GB2312 未使用的编码空间,与中国合作制定了 GBK。GBK 全称是《汉字内码扩展规范》(GBK 即"国标""扩展"汉语拼音的首字母,英文名称是 Chinese Internal Code Specification)。因为微软的介入,GBK 只被中华人民共和国国家有关部门作为技术规范,并非国家正式标准,只是国家技术监督局标准化司、电子工业部科技与质量监督司发布的"技术规范指导性文件"。虽然 GBK 收录了所有 Unicode 1.1 及 GB13000 之中的汉字,但是编码方式与 Unicode 1.1 及 GB13000 不同。仅仅是 GB2312 到 GB13000 之间的过渡方案。但因为其在 Windows 95 简体中文版开始使用,得到了广泛的推广,成为了事实上的中文编码标准。GBK 是在 GB2312 标准基础上的内码扩展规范,使用了双字节编码方案,其编码范围为 0x8140~0xFEFE,排除部分码位,共 23 940 个码位,共收录了 21 003 个汉字和 883 个图形符号,完全兼容 GB2312,支持国际标准 ISO/IEC 10646 – 1 和国家标准 GB13000 收录的全部中、日、韩汉字,并包含了 BIG5 编码中的所有汉字。GBK 编码方案于 1995 年 10 月制定,1995 年 12 月正式发布,目前中文版操作系统 Windows 95、Windows 98、Windows NT 以及 Windows 2000、Windows XP、Windows 7、Windows 8、Windows 10 等都支持 GBK 编码方案。

最新的中文编码是 GB18030,国家质量技术监督局于 2000 年 3 月 17 日推出了 GB18030—2000 标准,以取代 GBK,加入了一些国内少数民族的文字,一些生僻字被编到 4 个字节,每扩展一次都完全保留之前版本的编码,所以每个新版本都向下兼容。

3. Big5 的由来

20 世纪 80 年代初期,中国大陆制定了 GB2312,但没有考虑到台湾、香港和澳门同胞使用繁体中文的情况,没有制定繁体中文编码,于是台湾同胞自己搞了个 Big5 繁体中文编码。Big5 又称为大五码或大五码,是使用繁体中文(正体中文)社区中最常用的汉字字符集标准,共收录 13 060 个汉字。Big5 虽普及于台湾、香港及澳门等繁体中文通行区,但长期以来并非当地的地区标准或官方标准,而只是业界标准。倚天中文系统、Windows 繁体中文版等主要系统的字符集都是以 Big5 为基准,但厂商又各自增加了不同的造字与造字区,派生成多种不同版本。2003 年,Big5 被收录到 CNS11643 中文标准交换码的附录当中,获得了较正式的地位,这个最新版本被称为 Big5—2003。

从 ASCII、GB2312、GBK 到 GB18030,这些编码方法是向下兼容的,即同一个字符在这些方案中总是有相同的编码,后面的标准支持更多的字符。在这些编码中,英文和中文可以统一进行处理。其中,GBK 包含了 Big5 编码中的所有汉字,但是 GBK 不兼容 Big5。GB13000 码值与 Unicode 中文字符码值相同,与其他中文 GB 编码均不兼容。它们的关系如图 1.5 所示。

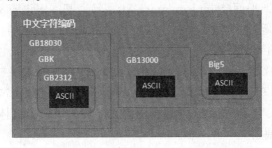

图 1.5 ASCII、GB2312、GBK 和 GB18030 编码关系

4．Unicode

（1）Unicode 的由来

我们知道英语用 ASCII(包含 128 个符号)就够了,但是用来表示其他语言,128 个字符是不够的。例如,在法语中,字母上方有注音符号,它就无法用 ASCII 码表示。于是,一些欧洲国家就决定,利用字节中闲置的最高位编入新的符号,如法语中的"é"的编码为 130(二进制 10000010)。这样一来,这些欧洲国家使用编码 Latin1,就可以表示最多 256 个符号。

但是对于亚洲国家的文字,使用的符号就更多了,仅仅汉字就达 10 万个左右。单字节编码方案最多只能表示 256 种符号,肯定是不够的,就必须使用多个字节表达一个符号。例如,简体中文常见的编码方式 GB2312,使用两个字节表示一个汉字,所以理论上最多可以表示 $256 \times 256 = 65\ 536$ 个符号。这里不详细展开,后面会具体讨论 GB2312。每个国家或地区都有自己的一套编码方案,于是当信息在国际间传播时就会出现乱码问题,好比世界上每个国家都有自己的语言,相互交流时就会出现障碍。于是,就需要一个国际语言,让每个国家和地区的人之间可以正常交流,对于计算机也是同样的道理,需要一个统一的字符编码方案,让每一台计算机都能正确地识别字符。铺垫了那么多,就是想说明一个叫 Unicode 的字符编码横空出世的必要性和意义。

Unicode 俗称万国码,是统一码联盟(The Unicode Consortium)在 1991 年首次发布的,请注意,并非由 ISO 发布。它对世界上大部分的文字系统进行了整理、编码,使得计算机可以跨语言环境来呈现和处理文字。需要注意的是,Unicode 虽然称为万国码,但是目前也不能涵盖世界上所有的文字字符,因为 Unicode 自发布以来,至今仍在不断增修,每个新版本都加入更多新的字符。目前最新的版本为 2016 年 6 月 21 日发布的 Unicode 9.0.0,已经收入超过 10 万个字符。

（2）Unicode 的编码方式

Unicode 的编码空间从 U+0000 到 U+10FFFF,共有 1 112 064 个码位(Code Point)可用来映射字符,如表 1.1 所列。Unicode 的编码空间可以划分为 17 个平面(Plane),每个平面包含 2^{16} (65 536)个码位。17 个平面的码位可表示为从 U+xx0000 到 U+xxFFFF,其中 xx 表示十六进制值从 0x00 到 0x16,共计 17 个平面。第一个平面称为基本多语言平面(Basic Multilingual Plane,BMP),或称第零平面(Plane 0);其他平面称为辅助平面(Supplementary Planes)。基本多语言平面内,从 U+D800 到 U+DFFF 之间的码位区块是永久保留不映射到 Unicode 字符。实际使用中,目前只用了少数平面内编码的字符。

其中,中国由 GB2312 编码表示的常用的 6 763 个汉字被收录在 Unicode 的 0 号平面内 U+4E00～U+9FFF 码值之间,该区间的码值也包含也很多非常用的中文汉字,共收录了 2 万多个汉字。Unicode 对各国语言文字的编码情况具体可参见维基百科的"Unicode 字符平面映射"。

表 1.1　Unicode 编码

平　面	始末字符值	中文名称	英文名称
0 号平面	U+0000～U+FFFF	基本多文种平面	Basic Multilingual Plane(BMP)
1 号平面	U+10000～U+1FFFF	多文种补充平面	Supplementary Multilingual Plane(SMP)
2 号平面	U+20000～U+2FFFF	表意文字补充平面	Supplementary Ideographic Plane(SIP)
3 号平面	U+30000～U+3FFFF	表意文字第三平面（未正式使用）	Tertiary Ideographic Plane(TIP)
4 号平面～13 号平面	U+40000～U+DFFFF	（尚未使用）	
14 号平面	U+E0000～U+EFFFF	特别用途补充平面	Supplementary Special – purpose Plane(SSP)
15 号平面	U+F0000～U+FFFFF	保留作为私人使用区(A 区)	Private Use Area－A(PUA－A)
16 号平面	U+100000～U+10FFFF	保留作为私人使用区(B 区)	Private Use Area－A(PUA－A)

5. UCS、UCS－2 与 UCS－4

说到字符编码，大家肯定听过 UCS－2 和 UCS－4，在介绍完 Unicode 后，大家肯定心存疑惑，UCS－2、UCS－4 和 Unicode 之间的联系和区别到底是什么？我曾经也为此痛苦不已，但是下面我将努力尝试捋清楚 UCS－2 与 Unicode 之间千丝万缕的关系，为大家答疑解惑。

(1) 什么是 UCS

UCS(Universal Character Set，通用字符集)是 ISO 10646(又名 ISO/IEC 10646)标准所定义的标准字符集。UCS 又被称为 Universal Multiple－Octet Coded Character Set，中国大陆译为通用多八位编码字符集，台湾地区译为广用多八比特编码字元集。

说到 UCS，不得不说 UCS 和 Unicode 的关系。历史上存在两个独立的尝试创立单一字符集的组织，即国际标准化组织(ISO)于 1984 年创建的 ISO/IEC JTC1/SC2/WG2(英文全称为 International Organization for Standardization/International Electrotechnical Commission，Joint Technical Committee♯1/Subcommittee♯2/Working Group♯2)和由 Xerox、Apple 等软件制造商于 1988 年组成的统一码联盟。前者开发了 ISO/IEC 10646(UCS)项目，后者开发了统一码(Unicode)项目，因此最初制定了不同的标准。1991 年前后，两个项目的参与者都认识到，世界不需要两个不兼容的字符集。于是，他们开始合并双方的工作成果，并为创立一个单一编码表而协同工作。1991 年，不包含 CJK 统一汉字集的 Unicode 1.0 发布。随后，CJK 统一汉字集的制定于 1993 年完成，发布了 ISO 10646－1：1993，即 Unicode 1.1。从 Unicode 2.0 开始，Unicode 采用了与 ISO 10646－1 相同的字库和字码。ISO 也承诺，ISO 10646 将不会替超出

U+10FFFF 的 UCS-4 编码赋值,以使得两者保持一致。两个项目仍都独立存在,并独立地公布各自的标准。但统一码联盟和 ISO/IEC JTC1/SC2 都同意保持两者标准的码表兼容,并紧密地共同调整任何未来的扩展。也就是说,我们可以简单地理解 Unicode 和 UCS 是两个不同机构发布的对全球文字字符进行统一编码的相同方案,更为简单粗暴的理解就是"Unicode=UCS"。

(2) UCS 与 Unicode 的区别

UCS 和 Unicode 毕竟是两个不同机构研发的编码方案,它们之间还是存在着一些区别的。Unicode 和 UCS 虽然对全球字符编码的码值相同,ISO/IEC 10646 标准就像 ISO/IEC 8859 标准一样,只不过是一个简单的字符集表,但 Unicode 标准额外定义了许多与字符有关的语义符号学。Unicode 详细说明了绘制某些语言(如阿拉伯语)表达形式的算法,处理双向文字(如拉丁文和希伯来文的混合文字)的算法,排序与字符串比较所需的算法,等等。此外,两者部分样例字形有显著的区别。ISO/IEC 10646-1 标准同样使用 4 种不同的风格变体来显示表意文字,如中文、日文、韩文(即 CJK)。

(3) UCS-2

UCS-2(2-byte Universal Character Set,两字节通用字符集)是一个实际使用的字符编码方案,是 UTF-16 的前身。还记得前面说到的 Unicode 的 BMP 吗?就是 Unicode 使用两字节来编码全球大部分文字字符的一个编码区间,号称 0 号平面,UCS-2 是一个固定 2 字节长度的编码,每一个字符都采用一个单一的 16 位值来表示,因此只能表示 Unicode 的 BMP 范围的码值从 U+0000 到 U+FFFF 的字符。那么 UCS-2 和 Unicode 的 0 号平面又是什么关系呢?其实 UCS-2 编码的字符和 Unicode 的 BMP 编码的字符是相同的,因此 UCS-2 就是 Unicode 的 BMP。那么 UCS-2 是哪个机构颁发的呢?很显然是 ISO。那么 UCS-2 和 UCS 又是什么关系呢?实际上,UCS-2 是 UCS 的子集,UCS-2 是 UCS 的编码方式之一。其中,中文范围为 4E00～9FBF,即 CJK 统一表意符号(CJK Unified Ideographs)。

(4) UCS-4 是什么

UCS-2 采用 2 字节编码字符,只能标识 65 536 个字符,对于 Unicode 编码的字符已经超过了 10 万个,很显然 UCS-2 只能标识 Unicode 的 0 号平面字符,对于其他辅助平面字符,UCS-2 就无能为力了。于是 ISO 10646 标准定义了一个 4 字节 31 位的编码形式,称作 UCS-4,用来标识 Unicode 其他辅助平面编码的字符。UCS-4 对所有的字符均采用 4 字节 31 位编码形式,码值范围为 0x00000000～0x7FFFFFFF。

请记住:UCS-2=Unicode BMP,Unicode 是 UCS-4 的子集。

6. UTF-8、UTF-16 与 UTF-32

(1) UTF-8

大概来说,Unicode 编码系统可分为编码方式和实现方式两个层次。上面关于 Unicode 编码系统的解释,主要叙述了其编码方式,即 Unicode 每一个字符被赋予了确切的不同的码值,但是实际使用中,其实现方式是不同于编码方式的。一个字符的 Unicode 编码是确定的,但是在实际传输过程中,由于不同系统平台的设计不完全一致,以及出于节省空间的目的,对 Unicode 编码的实现方式有所不同,这就是为何已经存在了 UCS－2 和 UCS－4,仍提出 UTF－8、UTF－16 和 UTF－32 的原因。Unicode 的实现方式称为 Unicode 转换格式(Unicode Transformation Format,UTF)。

UTF－8(8－bit Unicode Transformation Format)是一种针对 Unicode 的可变长度字符编码,也是一种前缀码,由肯·汤普逊(Ken Thompson)于 1992 年创建,现在已经标准化为 RFC 3629。它可以用来表示 Unicode 标准中的任何字符,且其编码中的第一个字节仍与 ASCII 兼容,这使得原来处理 ASCII 字符的软件不需或只需做少部分修改,即可继续使用。因此,它逐渐成为电子邮件、网页及其他存储或发送文字的应用中优先采用的编码。

UTF－8 就是以 8 位为单元对字符进行编码,而 UTF－8 不使用大尾序(大端字节序)和小尾序(小端字节序)的形式,每个使用 UTF－8 存储的字符,除了第一个字节外,其余字节的头两个比特都是以"10"开始,使文字处理器能够较快地找出每个字符的开始位置。但为了与以前的 ASCII 码兼容(ASCII 为一个字节),UTF－8 选择了使用可变长度字节来存储 Unicode。Unicode 和 UTF－8 之间的转换关系表(x 字符表示码点占据的位)如表 1.2 所列。

表 1.2 Unicode 和 UTF－8 转换关系表

字节数	码点位数	码点起值	码点终值	Byte 1	Byte 2	Byte 3	Byte 4	Byte 5	Byte 6
1	7	U+0000	U+007F	0xxxxxxx					
2	11	U+0080	U+07FF	110xxxxx	10xxxxxx				
3	16	U+0800	U+FFFF	1110xxxx	10xxxxxx	10xxxxxx			
4	21	U+10000	U+1FFFFF	11110xxx	10xxxxxx	10xxxxxx	10xxxxxx		
5	26	U+200000	U+3FFFFFF	111110xx	10xxxxxx	10xxxxxx	10xxxxxx	10xxxxxx	
6	31	U+4000000	U+7FFFFFFF	1111110x	10xxxxxx	10xxxxxx	10xxxxxx	10xxxxxx	10xxxxxx

需要注意的是,2003 年 11 月,UTF－8 被 RFC 3629 限制了长度,因为 Unicode 的码值范围是 0x000000～0x10FFFF,只有 21 位被编码,使用 4 字节就可以编码所有的 Unicode 字符,所以 UTF－8 被缩减为 4 字节,码值由原来的 1～6 字节缩减为 1～4 字节,新的 UTF－8 编码方式与 Unicode 编码对应关系如表 1.3 所列。

表 1.3 UTF－8 编码与 Unicode 编码对应关系

字节数	码点位数	码点起值	码点终值	Byte 1	Byte 2	Byte 3	Byte 4
1	7	U+0000	U+007F	0xxxxxxx			
2	11	U+0080	U+07FF	110xxxxx	10xxxxxx		
3	16	U+0800	U+FFFF	1110xxxx	10xxxxxx	10xxxxxx	
4	21	U+10000	U+10FFFF	11110xxx	10xxxxxx	10xxxxxx	10xxxxxx

已知"严"的 Unicode 码值是 U+4E25(01001110 00100101),根据表 1.3,可以发

现 U+4E25 处在第三行的范围内(U+0800~U+FFFF),因此"严"的 UTF-8 编码需要 3 字节,即格式是"1110xxxx 10xxxxxx 10xxxxxx"。然后,从"严"的最后一个二进制位开始,依次从后向前填入格式中的 x,多出的位补 0。这样就得到了"严"的 UTF-8 编码"11100100 10111000 10100101",转换成十六进制就是 E4B8A5。我们以 Notepad++查看中文"严"的 UTF-8 编码如下:

Address	0	1	2	3	4	5
00000000	ef	bb	bf	e4	b8	a5

(2) UTF-16

UTF-16 类似于 UTF-8,都是变长字符编码,都是 Unicode 的实现方式之一,如表 1.4 所列。但是与 UTF-8 的区别主要有:UTF-16 最短编码长度是 2 字节,UTF-8 最短是 1 字节;UTF-8 不存在字节序的问题,UTF-16 存在字节序的问题。与此同时,UTF-16 还利用了 Unicode 保留下来的 0xD800~0xDFFF 区段的码位来对辅助平面的字符的码位进行编码。这里我想问,有了应用广泛的 UTF-8,为何还要有 UTF-16 呢?还记得前面因为 UCS-2 的双字节码位不够,IEEE 提出的 UCS-4 编码吗?因为 UCS-4 规定了每一个字符需要 4 个字节、31 位来表示,这样太浪费存储空间了,为了解决这个问题,于是 IETF(The Internet Engineering Task Force,国际互联网工程任务组)于 2000 年提出了 UTF-16 的编码方案并发表在 RFC 2781 上。

表 1.4　UTF-16 编码

码值范围	十进制码值范围	字节数	UTF-16 编码
U+0000~U+FFFF	0~65 535	2	xxxxxxxxxxxxxxxx
U+10000~U+10FFFF	65 536~1 114 111	4	110110xxxxxxxxxx 110111xxxxxxxxxx

UTF-16 使用 1 个或 2 个 16 位长的码元来表示,是一个变长编码,实现方式如下:

对于码值 U+0000~U+FFFF 的 0 号平面字符,UTF-16 编码的码值与 Unicode 码值相同。对于码值 U+10000~U+10FFFF 的辅助平面字符,UTF-16 编码方式将 Unicode 码值减去 0x10000,将码值范围变成 0x00000~0FFFFF,填入表 1.4 第二行的 20 位中。从左至右,两个码元的取值范围分别是 0xD800~0xDBFF 和 0xDCFF~0xDFFFF。由于码值 0xD800~0xDFFFF 在 Unicode 0 号平面内不表示任何字符,因此在 UTF-16 中用作代理,以表示码值从 U+10000~U+10FFFF 的辅助平面字符。

UTF-16 与 UTF-8 相比,好处在于大部分字符都以固定长度的字节(2 字节)存储,但 UTF-16 却无法兼容于 ASCII 编码,因为 UTF-8 兼容 ASCII,能适应许多 C 库中的"\0"结尾惯例,没有字节序问题,并具有在英文和西文符号比较多的场景下(如 HTML/XML)编码较短的优点,所以 UTF-8 编码比 UTF-16 编码应用更为广泛。

（4）UTF－32

UTF－32 采用定长 4 字节来表示 Unicode 字符，不同于其他的 Unicode 转换格式，UTF－8 和 UTF－16 则使用不定长度编码。UTF－32 在实际应用中也很少被使用，因为 UTF－32 对每个字符都使用 4 字节，就空间而言，是非常低效的。特别地，非基本多文种平面的字符在大部分文件中通常很罕见，以致于它们通常被认为不存在占用空间大小的讨论，使得 UTF－32 通常会是其他编码的 2～4 倍。

1.6　正则表达式

1.6.1　简　介

正则表达式（Regular Expression），又称规则表达式，在代码中常简写作 regex、regexp 或 RE。正则表达式通常用来检索、替换符合某个模式（规则）的字符串。常用的程序设计语言都支持正则表达式，如 C＋＋11 中也将正则表达式纳入标准中，Perl、Python、PHP、Javascript、Ruby 等脚本语言都内置了强大的正则表达式处理引擎，Java、C♯、Delphi 等编译型语言都支持正则表达式。

正则表达式由一些普通字符和一些元字符（Meta Characters）组成。普通字符包括可打印字符（大小写字母、数字、部分特殊字符）和一些不可打印的字符（如换行符、制表符 Tab 和空格等），以及正则表达式中规定的特殊字符。而元字符则在正则表达式中具有特殊的含义，下面会给予解释。

1.6.2　普通字符之不可见字符

不可见字符也是正则表达式的组成部分。表 1.5 列出了常见的不可见字符的转义序列。

表 1.5　正则表达式不常见字符含义

字　符	含　义
\cx	匹配由 x 指明的控制字符。例如，\cM 匹配一个回车符（^M，Control＋M）。x 的值必须为 A～Z 或 a～z 之一。否则，将 c 视为一个原义的 'c' 字符
\t	匹配一个制表符。等价于 \x09 和 \cI
\n	匹配一个换行符。等价于 \x0a 和 \cJ
\v	匹配一个垂直制表符。等价于 \x0b 和 \cK
\f	匹配一个换页符。等价于 \x0c 和 \cL
\r	匹配一个回车符。等价于 \x0d 和 \cM

1.6.3　正则表达式元字符

表 1.6 包含了元字符的完整列表以及它们在正则表达式上下文中的行为。

表 1.6　正则表达式元字符含义

元字符	描　　述
\\	将一个字符标记为特殊字符,或一个原义字符,或一个后向引用,或一个八进制转义符。例如,"\\\\n"匹配"\\n";"\\n"匹配换行符;序列"\\\\\\"匹配"\\";"\\77"匹配字符"?"
^	匹配字符串的开始位置
$	匹配字符串的结束位置
*	匹配前面的子表达式零次或多次(≥0 次)。例如,zo * 能匹配"z",也能匹配"zo"以及"zoo"
+	匹配前面的子表达式一次或多次(≥1 次)。例如,"zo+"能匹配"zo"以及"zoo",但不能匹配"z"。+等价于{1,}
?	匹配前面的子表达式 0 次或 1 次。例如,"zo?"可以匹配"z"或"zo"。? 等价于{0,1}
{n}	匹配 n 次,n 是非负整数。例如,"zo{2}"匹配"zoob",不能匹配"zob"
{n,}	匹配至少 n 次(≥n),n 是一个非负整数。例如,"zo{2,}"能匹配"zooob",但不能匹配"zo"。"zo{1,}"等价于"zo+"。"o{0,}"则等价于"zo *"
{n,m}	匹配最少 n 次最多匹配 m 次,m 和 n 均为非负整数,其中 n≤m。例如,"zo{1,3}"匹配"zooooood"中的"zooo"。"o{0,1}"等价于"o?"。注意在逗号和两个数之间不能有空格
?	当"?"紧跟在任何一个其他限制符(* ,+,?,{n},{n,},{n,m})后面时,匹配模式是懒惰匹配。懒惰模式尽可能少地匹配所搜索的字符串,而默认的贪婪模式则尽可能多地匹配所搜索的字符串。例如,对于字符串 oooo,o+? 将匹配每个"o",即 4 次匹配,而"o+"将只匹配 1 次,即匹配"oooo"
.	匹配除"\\r\\n"之外的任何单个字符。要匹配包括"\\r\\n"在内的任何字符,请使用"[\\s\\S]"
(exp)	将()内的表达式定义为组(group),又称子表达式,并且将匹配表达式的内容保存到临时区域(一个正则表达式中最多可以保存 9 个),可以用"\\1"~"\\9"的符号来引用。要匹配小括号,请使用"\\("或"\\)"
(? \<name\> exp)	匹配 exp,并捕获文本到名称为 name 的组里,也可以写成(?'name'exp)。这个元字符的主要作用是给组命名。要反向引用这个分组捕获的内容,可以使用\\k \<name\>
(?:exp)	匹配 exp,不捕获匹配的文本,也不给此分组分配组号
(?＝exp)	正向先行零宽断言,断言此位置后面能匹配表达式 exp,因为不消耗字符,所以称为零宽断言。例如 industry 能够匹配 ind(?＝us)ustry,但是不能匹配 ind(?＝aa)ustry
(? \< ＝exp)	负向零宽断言,断言此位置的前面能匹配表达式 exp。例如 industry 能够匹配 ind(? \< ＝nd)ustry,但是不能匹配 ind(? \< ＝aa)ustry。注意 Javascript 不支持该元字符,请勿在线测试
(?!exp)	负向先行零宽断言,断言此位置的后面不能匹配表达式 exp

续表 1.6

元字符	描　述
(?<!exp)	负向后顾零宽断言,断言此位置的前面不能匹配表达式 exp。如(?<![a-z])\d{7}匹配前面不是小写字母的七位数字。注意:Javascript 不支持该元字符
(?#comment)	这种类型的分组不对正则表达式的处理产生任何影响,仅提供注释
x|y	匹配 x 或 y。例如,"z|food"能匹配"z"或"food",请注意"[z|f]ood"则匹配"zood"或"food"
[xyz]	字符集合。匹配所包含的任意一个字符。例如,"[abc]"可以匹配"plain"中的"a"
[^xyz]	字符补集。匹配指定字符外的任意字符。例如,"[^abc]+"可以匹配"plain"中的"pl"和"in"
[a-z]	字符范围。匹配指定范围内的任意字符。例如,"[a-z]"可以匹配"a"~"z"范围内的任意小写字母字符。注意:只有连字符在字符组内部,并且出现在两个字符之间时,才能表示字符的范围,如果出现在其他位置,则表示连字符本身
[^a-z]	字符范围补集。匹配不在指定范围内的任意字符。例如,"[^a-z]"可以匹配任何不在"a"~"z"范围内的任意字符
\b	匹配单词边界,指单词和空格间的位置。正则表达式的"匹配"有两种概念:一种是匹配字符;一种是匹配位置,这里的\b 指匹配位置。例如,"er\b"可以匹配"border"中的"er",但不能匹配"verb"中的"er"
\B	匹配非单词边界与\b 功能相反。"er\B"能匹配"verb"中的"er",但不能匹配"never"中的"er"
\<word\>	匹配单词 word 的开始(\<)和结束(\>)位置,等价于"\bword\b"。例如,正则表达式"\<the\>"能够匹配字符串"for the wise"中的"the",但是不能匹配字符串"otherwise"中的"the"。注意:该元字符不是所有编程语言都支持的
\d	匹配一个数字,等价于[0-9]
\D	匹配一个非数字字符,等价于[^0-9]
\s	匹配任何不可打印字符,包括空格、制表符、换页符等
\S	匹配任何可打印字符
\w	匹配任意一个组成单词的字符,包括下划线、字母、数字和汉字等 Unicode 字符,类似但不等价于[A-Za-z0-9_]
\W	匹配任何非单词字符,类似但不等价于[^A-Za-z0-9_]
\xn	匹配 n,其中 n 为十六进制 ASCII 码值。例如,"\x41"匹配"A"
\num	匹配第 num 子表达式捕获的内容。num 是一个正整数,表示对前面子表达式获取内容的引用。例如,"(.)\1"匹配两个连续的相同字符
\oct	表示一个八进制 ASCII 值或一个后向引用。如果\oct 之前有至少 oct 个子表达式,则\oct 为后向引用;否则,如果 oct 为八进制数字(0~7),则 oct 为一个八进制 ASCII 码值
\un	匹配 n,其中 n 是一个用 4 个十六进制数字表示的 Unicode 字符。例如,\u00A9 匹配版权符号

续表 1.6

元字符	描 述
|	表达式逻辑"或"。例如,正则表达式"him|her"匹配"it belongs to him and her"中的"him"和"her"。注意:这个元字符不是所有的软件都支持的
[:lower:]	匹配任意一个小写字母,使用时加上中括号[],即[[:lower:]]等价于[a-z]
[:upper:]	匹配任意一个大写字母,[[:upper:]]等价于[A-Z]
[:alpha:]	匹配任意一个字母,[[:alpha:]]等价于[a-zA-Z]
[:digit:]	匹配任意一个数字,[[:digit:]]等价于[0-9]
[:alnum:]	匹配任意一个字母或数字,[[:alnum:]]等价于[a-zA-Z0-9]
[:blank:]	匹配空格或制表符 Tab,[[:blank:]]等价于[\x20\t]
[:space:]	匹配任意空白字符,包括空格,[[:space:]]等价于[\x20\t\r\n\v\f]
[:graph:]	匹配任意 ASCII 可见字符,[[:graph:]]等价于[\x21-\x7E]
[:print:]	匹配空格或任意 ASCII 可见字符,[[:print:]]等价于[\x20-\x7E]
[:punct:]	匹配任意标点符号(Punctuation Characters),[[:punct:]]等价于[]][!"#$%&'()*+,./:;<=>?@\^_`{|}~-]
[:cntrl:]	匹配任意控制字符,如 CR、LF、Tab、Del 等,[[:cntrl:]]等价于[\x00-\x1F\x7F]
[:xdigit:]	匹配任意十六进制数码,[[:xdigit:]]等价于[A-Fa-f0-9]

以上元字符为日常正则表达式中可能用到的,并未做全部列举。由于不同流派和版本的正则表达式引擎规则有所差异,上述元字符功能并非放之四海而皆准,有些元字符在某些引擎中并未得到支持。

关于上面元字符的描述会涉及几个名词概念,在这里做简要的描述。

(1) 八进制转义字符

我们学过用一个转义符"\"加上一个特殊字母来表示某个字符的方法,如"\n"表示换行符,而"\t"表示 Tab 符,"\'"则表示单引号。八进制转义字符是反斜杠后跟一个八进制数,用于表示 ASCII 码等于该值的字符。例如问号"?"的 ASCII 值是 63,那么可以把它转换为八进制 77,然后用"\77"来表示"?"。由于是八进制,所以本应写成"\077",但因为 CC++规定不允许使用斜杠加十进制数来表示字符,所以这里的"0"可以不写。

同理,十六进制转义字符,就是反斜杠"\"后面接一个十六进制数来表示一个字符。还是以问号"?"为例,问号"?"的 ASCII 码值 63 转换为十六进制是"4F",那么十六进制转义字符为"\x4F"。

(2) 分组与后向引用

正则表达式中,使用小括号扩住一个表达式称之为组(group),又称为子表达式,匹配这个子表达式的文本可以在正则表达式或其他程序中做进一步的处理。默认情况下,每个组会自动拥有一个组号,规则是:从左向右,以组的左括号为标志,第一个出现的组号为 1,第二个为 2,以此类推。后向引用(亦称反向引用)指的是正则表达重复利用前面某个子表达式。例如:"\1"代表分组 1 匹配的文本。请看示例:

"\b(\w＋)\b\s＋\1\b"可以用来匹配重复的单词,像"logo logo"或"kitty kitty"。这个表达式首先是一个单词,也就是单词开始处和结束处之间存在多于一个字母或数字"\b(\w＋)\b",这个单词会被捕获到编号为 1 的组中,然后是 1 个或几个空白符"\s＋",最后是组 1 中捕获的内容(即前面匹配的那个单词)。

(3) 零宽断言

零宽断言(Zero Width Assertion),是一种零宽度的匹配,它匹配到的内容不会保存到匹配结果中去,因为不会消耗待匹配字符,所以有"零宽度"之说。又因为像元字符"\b""^""$"那样用于指定一个位置,该位置应该满足一定的条件(即断言),所以称之为零宽断言。零宽断言根据是否匹配表达式 exp 分为正向零宽断言与负向零宽断言:若匹配,则为正向零宽断言(Positive Zero Width Assertion);若不匹配,则为负向零宽断言(Negative Zero Width Assertion)。

正向零宽断言根据匹配的方向分为两种:从当前位置向右匹配,为正向先行零宽断言(Positive Lookahead Zero Width Assertion),使用元字符(?＝exp)表示;从当前位置向左匹配,为正向后顾零宽断言(Positive Lookbehind Zero Width Assertion),使用元字符(?＜＝exp)表示。上文已有简单的举例说明,分别再看一下例子说明。

看一个正向先行零宽断言的例子。例如"\b\w＋(?＝ing\b)",匹配以"ing"结尾的单词的前面部分(除了"ing"以外的部分),如查找"I'm singing while you're dancing."时,它会匹配"sing"和"danc"。再来个正向后顾零宽断言的例子,例如"(?＜＝\bre)\w＋\b"会匹配以"re"开头单词的后半部分(除 re 以外的部分),例如在查找"reading a book"时,它匹配"ading"。

负向零宽断言根据匹配的方向同样分为两种:从当前位置向右匹配,为负向先行零宽断言(Negative Lookahead Zero Width Assertion),使用元字符(?!exp)表示;从当前位置向左匹配,为负向后顾零宽断言(Negative Lookbehind Zero Width Assertion),使用元字符(?＜!exp)表示。上文已有简单的举例说明,分别再看一下例子说明。

看一个负向先行零宽断言的例子。例如"\d{3}(?!\d)"匹配三位数字,而且这三位数字的后面不能是数字。再看一个负向后顾零宽断言的例子。例如"\b((?!abc)\w)＋\b"匹配不包含连续字符串"abc"的单词。

(4) 懒惰与贪婪匹配

当正则表达式中包含能接受重复的限定符时,通常的行为是(在使整个表达式能得到匹配的前提下)匹配尽可能多的字符。例如表达式"a.＊b",它将会匹配最长的以"a"开始、以"b"结束的字符串。如果用它来搜索"aabab",它会匹配整个字符串"aabab"。这称为贪婪匹配。

有时我们更需要懒惰匹配,也就是匹配尽可能少的字符。前面给出的限定符都可以被转化为懒惰匹配模式,只要在它后面加上一个问号"?"。这样".＊?"就意味着匹配任意数量的重复,但是在能使整个匹配成功的前提下使用最少的重复。

现在看看懒惰版的例子。"a. * ?b"匹配最短的，以"a"开始、以"b"结束的字符串。如果把它应用于"aabab"，则它会匹配"aab"（第 1～3 个字符）和"ab"（第 4～5 个字符）。

1.7　序列化与反序列化

1.7.1　数据的序列化与反序列化

序列化（Serialization）：将数据结构或对象转换成二进制串的过程。

反序列化（Deserialization）：将在序列化过程中所生成的二进制串转换成数据结构或者对象的过程。

为什么要序列化数据？实际上很多人并没有使用过，但是序列化数据却无处不在。当要存储或者传输数据时，需要将当前数据对象转换成字节流便于网络传输或者存储。当需要再次使用这些数据时，需要将接收到的或者读取的字节流进行反序列化，重建数据对象。

例如程序中用到了如下结构的对象，以 C++ 为例：

```
//学生类型
struct Student
{
    char ID[20]
    char name[10];
    int age;
    int gender;
};

//定义一个学生对象
Student student;
strcpy(student. ID,"312822199204085698");
strcpy(student. name,"dablelv");
student. age = 18;
student. gender = 0;
```

现在需要将学生对象从客户端程序发送到远的服务端程序。那么这时就需要对学生对象 student 进行序列化操作。以 Linux 的 socket 进行发送，需要调用系统提供的网络 IO 相关的 API，它们有如下几组：

```
# include <unistd.h>

ssize_t read( int fd, void * buf, size_t count);
ssize_t write( int fd, const void * buf, size_t count);
```

```
# include <sys/types.h>
# include <sys/socket.h>

ssize_t send(int sockfd, const void * buf, size_t len, int flags);
ssize_t recv(int sockfd, void * buf, size_t len, int flags);

ssize_t sendto(int sockfd, const void * buf, size_t len, int flags,
                      const struct sockaddr * dest_addr, socklen_t addrlen);
ssize_t recvfrom(int sockfd, void * buf, size_t len, int flags,
                      struct sockaddr * src_addr, socklen_t * addrlen);

ssize_t sendmsg(int sockfd, const struct msghdr * msg, int flags);
ssize_t recvmsg(int sockfd, struct msghdr * msg, int flags);
```

假设套接字描述符为 sockfd,这里采用 UDP 通信,无需建立连接,但是要指定地址,假设地址为 dest_addr,那么就可以使用如下语句将学生对象 student 发送到服务端。

```
//flags 调用方式一般设置为 0
sendto(sockfd,&student,sizeof(Student),0,dest_addr,sizeof(struct sockaddr));
```

服务端采用如下语句进行接收:

```
//假设接收的数据不超过 1 024 B
char buf[1024] = "";

//这里不保存数据包的来源地址与地址类型长度
recvfrom(sockfd, buf, 1024, 0,NULL,NULL);

Student * pStudent = (Student * )buf;
//下面就可以访问接收的学生对象
cout << cout << pStudent - > ID;        //访问学生 ID
cout << cout << pStudent - > name;      //访问学生 ID
//...                                   //and so on
```

可能读者会发现,以上程序中并没有将学生对象 student 转换成字节流进行传输。事实上,我们确实是以字节流进行传输的,所使用的数据对于计算来说都是二进制的字节而已。这里也进行了序列化,就是简单地将传输的对象默认转换成 void * 进行传输。收到数据后,其实我们也进行了反序列化,进行了强制类型转换,以指定的格式去解析收到的字节流。

请注意,收到的字节流,当对其解析时利用了强制类型转换,转换成现有的数据类型去读取。这里有个问题,如果服务端的数据类型和客户端的不一样,或者说客户端需要在学生类型中增加一个专业 major 字段,那么这个 major 添加到了客户端的 Student 类型的后面。添加如下:

```
//客户端类型
struct Student
{
    char ID[20]
    char name[10];
    int age;
    int gender;
    char major[10]; //new added
};

//服务端类型不变
struct Student
{
    char ID[20]
    char name[10];
    int age;
    int gender;
};
```

读者会发现,在服务端使用现有的 Student 类型还是可以正确地解析的。但是如果 major 字段并不是添加在 Student 类型的最后而是其他的位置,或者说客户端和服务端类型中的字段顺序不同,就会发现读取的数据是错误的。

这时就需要设计序列化的协议,或者说是设计传输的数据格式,以满足对数据类型不同、某些字段相同的情况下,解析出我们想要的数据。至于如何设计,下面以 JSON 为例进行介绍。

1.7.2 JSON 简介

JSON(JavaScript Object Notation)是一种轻量级的数据交换格式。它基于 EC-MAScript 的一个子集,采用完全独立于语言的文本格式来存储和表示数据,这些特性使 JSON 成为理想的数据交换语言,易于人阅读和编写,同时也易于机器解析和生成,一般用于网络传输。

例如上面的学生对象,若以 JSON 表示,则可以表示为

```
{"ID":"312822199204085698","gender":0,"major":"math","name":18}
```

(1) JSON 语法规则

JSON 语法是 JavaScript 对象表示语法的子集。语法规则有:

- 数据在键值对中;
- 数据由逗号分隔;
- 花括号保存对象;
- 方括号保存数组。

（2）JSON 支持的数据类型

JavaScript 中任何数据类型都可以用 JSON 表示，主要有：

- 数字（整数或浮点数）；
- 字符串（在双引号中）；
- 逻辑值（true 或 false）；
- 数组（在方括号中）；
- 对象（在花括号中）；
- null。

1.7.3　JSON 的简单实例

当网络中不同的主机进行数据传输时，就可以采用 JSON 进行传输。将现有的数据对象转换为 JSON 字符串就是对对象的序列化操作，将接收到的 JSON 字符串转换为需要的对象，就是反序列化操作。下面以 jsoncpp 作为 C++ 的 JSON 解析库来演示一下将对象序列化为 JSON 字符串，并从 JSON 字符串中解析出我们想要的数据。

```cpp
#include <string.h>

#include <string>
#include <iostream>
using namespace std;

#include "json/json.h"

struct Student
{
    char ID[20];
    char name[10];
    int age;
    int gender;
    char major[10];
};

string serializeToJson(const Student& student);
Student deserializeToObj(const string& strJson);

int main(int argc, char * * argv) {

    Student student;
    strcpy(student.ID,"312822199204085698");
    strcpy(student.name,"dablelv");
    student.age = 18;
```

```
        student.gender = 0;
        strcpy(student.major,"math");

        string strJson = serializeToJson(student);
        cout << "strJson:" << strJson << endl;

        string strJsonNew = "{\"ID\":\"201421031059\",\"name\":\"lvlv\",\"age\":18,\"gen-
der\":0}";
        Student resStudent = deserializeToObj(strJsonNew);
        cout << "resStudent:" << endl;
        cout << "ID:" << resStudent.ID << endl;
        cout << "name:" << resStudent.name << endl;
        cout << "age:" << resStudent.age << endl;
        cout << "gender:" << resStudent.gender << endl;
        cout << "major:" << resStudent.major << endl;

        return 0;
}


//@brief:将给定的学生对象序列化为 JSON 字符串
//@param:student:学生对象
//@ret:JSON 字符串
string serializeToJson(const Student& student)
{
        Json::FastWriter writer;
        Json::Value person;

        person["ID"] = student.ID;
        person["name"] = student.name;
        person["age"] = student.age;
        person["gender"] = student.gender;
        person["major"] = student.major;

        string strJson = writer.write(person);
        return strJson;
}


//@brief:将给定的 JSON 字符串反序列化为学生对象
//@param:strJson:JSON 字符串
//@ret:学生对象
Student deserializeToObj(const string& strJson){
        Json::Reader reader;
        Json::Value value;
```

```
Student student;
memset(&student,0,sizeof(Student));

if (reader.parse(strJson, value)){
    strcpy(student.ID,value["ID"].asString().c_str());
    strcpy(student.name,value["name"].asString().c_str());
    student.age = value["age"].asInt();
    student.gender = value["gender"].asInt();
    strcpy(student.major,value["major"].asString().c_str());
}
return student;
}
```

程序输出结果如下：

```
[root@VM_123_199_centos jsoncpptest]# ./jsoncpptest.out
strJson:{"ID":"312822199204085698","age":18,"gender":0,"major":"math","name":"dablelv"}

resStudent:
ID:201421031059
name:lvlv
age:18
gender:0
major:
```

上面的 major 输出之所以为空，是因为 JSON 字符串中没有 major 字段。使用 JSON 来传输我们的数据对象，新增加的 major 字段可以放在任意的位置，并不影响我们从 JSON 中解析我们想要的字段。这样在服务端和客户端之间就可以传输不同类型的数据对象了！

1.7.4 C++对象其他常见序列化方法

除了使用 JSON 外，也可以其他的方法来完成 C++对象的序列化与反序列化。常见的有：XML、Google Protocol Buffers(protobuf)、Boost Serialization、MFC Serialization 以及.NET Framework 等。

XML(Extensible Markup Language)，可扩展标记语言，用结构化的方式来表示数据，和 JSON 一样，都是一种数据交换格式。C++对象可以序列化为 XML，用于网络传输或存储。XML 具有统一标准、可移植性高等优点，但因为文件格式复杂，导致序列化结果数据较大，传输占用带宽，其在序列化与反序列化场景中，没有 JSON 常见。

Google Protocol Buffers 是 Google 内部使用的数据编码方式，旨在用来代替 XML 进行数据交换，可用于数据序列化与反序列化。主要特性有：

- 高效；
- 语言中立(C++，Java，Python)；
- 可扩展。

Boost Serialization 可以创建或重建程序中的等效结构，并保存为二进制数据、文本数据、JSON、XML 或者由用户自定义的其他文件。该库具有如下优秀特性：

- 代码可移植(实现仅依赖于 ANSI C++);
- 深度指针保存与恢复;
- 可以序列化 STL 容器和其他常用模板库;
- 数据可移植;
- 非入侵性。

Windows 平台下可使用 MFC 中的序列化方法。MFC 对 CObject 类中的序列化提供内置支持,因此所有从 CObject 派生的类都可利用 CObject 的序列化协议。

.NET 的运行时环境用来支持用户定义类型的流化的机制。它在此过程中,先将对象的公共字段和私有字段以及类的名称(包括类所在的程序集)转换为字节流,然后再把字节流写入数据流。在随后对对象进行反序列化时,将创建出与原对象完全相同的副本。

这几种序列化方案各有优缺点,各有自己的适用场景。XML 产生的数据文件较大,很少使用。MFC 和.NET 框架的方法适用范围很窄,只适用于 Windows 平台,且.NET 框架方法需要.NET 的运行环境,但是二者结合 Visual Studio IDE 使用最为方便。Google Protocol Buffers 效率较高,但是数据对象必须预先定义,并使用 Protoc 编译,适合要求效率、允许自定义类型的内部场合使用。Boost Serialization 使用灵活简单,而且支持标准 C++ 容器。考虑平台的移植性、适用性和高效性,推荐大家使用 Google 的 Protobuf 和 Boost 的序列化方案。

第 2 章　入门指南

2.1　引　言

三十多年来,C++始终在软件开发行业中扮演着重要角色,它支持着全世界许多著名公司的运行。近年来,人们对该语言的兴趣愈加浓厚。同时,C++作为一个大规模、流行的选择,其发展得到了许多公司的赞助。

　　C++是一种复杂的语言,这使得开发人员需要拥有较强的编程能力。然而,这也加大了出现错误的风险。C++是一种独特的语言,因为它能够使程序员在编写高级抽象的程序时,保证对硬件、性能和可维护性的完全控制。

2.2　C++编译

了解 C++如何编译是理解程序如何编译和执行的基础。将 C++的源代码编译成机器可读代码的过程包括以下 4 个过程:

① 预处理源代码;

② 编译源代码;

③ 组装编译后的文件;

④ 链接目标文件以创建可执行文件。

让我们从一个简单的 C++程序开始来了解编译的过程。创建一个名为 Hello Universe. cpp的文件,在复制粘贴以下代码后保存:

```
#include <iostream> int main(){
    //这是一个单行注释
    /*这是一个多行
      注释*/
    std::cout << "Hello Universe" << std::endl;    return 0;
}
```

如果使用 Unix 操作系统,则使用终端上的 cd 命令,寻找到文件保存的位置,并执行以下命令:

```
> g++ -o Hello Universe Hello Universe.cpp
```

```
> ./Hello Universe
```

如果使用 Windows 系统,则必须使用不同的编译器。使用 Visual Studio 编译器编译代码的命令如下:

```
> cl /EHsc Hello Universe.cpp
> Hello Universe.exe
```

执行该程序,将在终端上打印出 Hello Universe。让我们通过图 2.1 来了解 C++的编译过程。

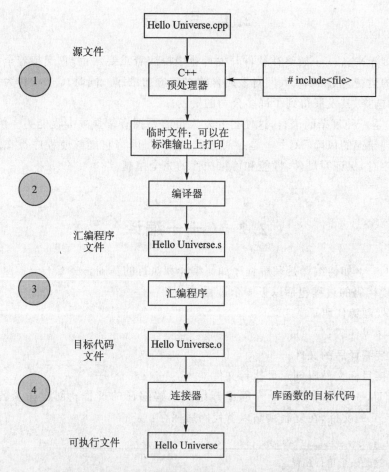

图 2.1　Hello Universe 文件的 C++编译过程

① 当 C++预处理器遇到♯include <file> 指令时,将其替换为文件的内容,并创建一个展开的源代码文件。

② 将已展开的源代码文件编译为该平台的汇编语言。

③ 汇编程序将编译器生成的文件转换为目标代码文件。

④ 该目标代码文件与任何库函数的目标代码文件连接在一起,从而生成可执行文件。

2.2.1　头文件和源文件之间的差异

源文件包含实际的实现代码。源文件的扩展名通常是.cpp,但其他扩展名(如.cc、.ccx 或 .c++)也很常见。另一方面,头文件包含描述可用功能的代码。源文件中的可执行代码可以引用和使用这些功能,从而允许源文件知道在其他源文件中定义的功能。头文件最常用的扩展名是.hpp、.hxx 或.h。

要从头文件和源文件创建可执行文件,编译器应首先对其中包含的指令进行预处理(前面有"♯"符号,通常位于文件的头部)。在上述的 Hello Universe 程序中,指令是♯include。在实际编译之前,编译器会对它进行预处理,然后用 iostream 头文件的内容替换它,iostream 头文件描述从流中读取和写入的标准功能。

其次是处理每个源文件并生成包含与源文件相关的机器代码的目标文件。最后,编译器将所有目标文件连接到一个可执行程序中。可以看到,预处理器将指令的内容转换为源文件。头文件还可以包含其他头文件,这些头文件将被依次展开,从而形成一个扩展链。

例如,假设 logger.hpp 的头文件内容如下:

```
♯ include <logger.hpp>
// logger 的实现代码
```

也假设 calculator.hpp 的头文件内容如下:

```
♯ include <calculator.hpp>
// calculator 的实现代码
```

在 main.cpp 文件中,使用这两个指令,如下所示:

```
♯ include <logger.hpp>
♯ include <calculator.hpp>
int main() {
    //同时使用 logger 和 calculator
}
```

扩展的结果将如下:

```
// logger 的实现代码
// logger 的实现代码
// calculator 的实现代码
int main() {
    //同时使用 logger 和 calculator
}
```

正如我们所看到的,logger 的头文件最终被添加了两次:第一次添加是因为在 main.cpp 文件中包含 logger.hpp;第二次添加是因为 calculator.hpp 中包含 logger.hpp。

在编译文件中,如果 #include 指令中没有直接指定包含的文件,反而被其他文件包含,则称该种文件为传递包含文件。通常,多次引入同一个头文件可能导致出现重复定义的问题。

由于之前解释过包含文件具有可传递性,所以多次引入同一个文件的情况是十分常见的,这通常会导致编译错误。在 C++中,可以使用以下方法来防止由于多次引入头文件而产生的问题:包含保护。包含保护是一种特定的模式,它会指示预处理程序忽略掉重复包含的头文件的内容。它由以下结构中编写的所有头文件代码构成:

```
#ifndef <unique_name>
#define <unique_name>
//在此处应编写所有头文件代码
#endif /* <unique_name> */
```

这里,<unique_name> 为在 C++项目中唯一的名称,通常由头文件名组成,如关于 logger. hpp 头文件的 LOGGER_HPP。

前面的代码检查特殊的预处理变量 <unique_name> 是否存在。如果不存在,则进行定义,并继续读取头文件的内容。如果存在,将跳过所有代码,直至 #endif 部分。

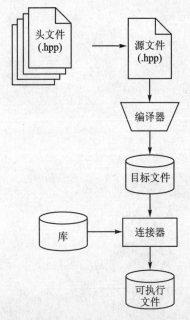

图 2.2　可执行文件的编译和连接过程

因为初始时特殊变量并不存在,所以预处理程序在第一次引入头文件时,会创建变量并继续读取文件。随后,由于已经定义该变量,因此预处理程序会跳过头文件的所有内容,跳转至 #endif 指令。

编译虽然能够确保程序语法正确,但并不检查程序逻辑的正确性。也就是说,编译正确的程序仍然可能无法输出期望的结果。

可执行文件的编译和连接过程如图 2.2 所示。

每个 C++程序都需要定义一个起始点,即执行代码时的起点。通常是,在源代码中定义一个唯一命名的主函数,作为执行代码的起始点。操作系统可以调用这个函数,因此,该函数需要返回一个值用以指示程序的状态;正因如此,我们称其为退出状态代码。

和 C 语言一样,C++语言得到大部分硬件和平台的支持。因此,许多不同的厂商开发了很多 C++编译器。由于每个编译器以不同的方式接受参数,因此,使用 C++进行开发时,请务必参考所使用的编译器手册,以理解可用选项及其含义。现在我们将看到如何使用两种最普通的编译器来编译程序:Microsoft Visual Studio compiler 和 GCC。

2.2.2 将文件编译为目标文件

我们可以运行以下命令,将 myfile.cpp 文件编译成名为 myfile.obj 的目标文件,如表 2.1 所列。

表 2.1 编译 CPP 文件

MSVC	GCC
C1 /Ehsc /s myfile.cpp	g++ - c - o myfile.obj myfile.cpp

编译时,通常会引入一些头文件。我们可以引用 C++标准中定义的头文件,而不执行任何操作,但是,如果想要引用用户定义的头文件,则必须告诉编译器头文件的位置。对于 MSVC,需要使用/I path 传递参数,其中 path 是指向头文件目录的路径。对于 GCC,需要使用-I path 传递参数,其中 path 与上面 MSVC 中的含义相同。如果 myfile.cpp 在包含目录中包含头文件,将用如表 2.2 所列的命令编译该文件。

表 2.2 编译包含目录的 CPP 文件

MSVC	GCC
C1 /Ehsc /s /I include myfile.cpp	g++ - c - o -I include myfile.obj myfile.cpp

可以在各自的目标文件中分别编译文件,然后将它们连接在一起,从而创建最终的应用程序。

2.2.3 连接目标文件

为了将两个目标文件 main.obj 和 mylib.obj 连接成为一个可执行文件,表 2.3 所列的是可以运行的命令。

表 2.3 编译两个目标文件

MSVC	GCC
link main.obj mylib.obj /out:main.exe	g++ main.obj mylib.obj - o maim

使用 MSVC,可以创建一个名为 main.exe 的可执行文件;使用 g++,可执行文件命名为 main。为了操作方便,MSVC 和 GCC 提供了将多个文件编译为一个可执行文件的方法,而不需要为每个文件创建一个目标文件,然后再将这些文件连接在一起。

即使在这种情况下,如果文件包含任何用户定义的头文件,则必须使用/I 或-I 标志指明头文件的位置。为了将 main.cpp 和 mylib.cpp 文件编译在一起,会使用到一些包含在文件夹中的头文件,可以使用如表 2.4 所列的命令。

表 2.4 使用 include 目录编译 CPP 文件

MSVC	GCC
C1 /Ehsc /s /I include main .cpp mylib.cpp/Fe:main.exe	g++ -I include main.cpp mylib.cpp - o main

2.2.4 使用 main( )函数

在第 3 章中,我们将更深入地讨论函数。现在可以定义 main( )函数,该函数没有实际操作,只是按照以下方式返回一个成功的状态码:int main( ) { return 0; }。

第一行首先包含函数的定义,由返回类型 int、main 函数的名称和参数列表组成。其中参数列表在本例中为空列表。然后,我们编写函数主体,用大括号分隔。最后,该主体由一条指令组成,该指令将返回一个成功的状态代码。

注意:与 C 语言相反,在 C++程序中,返回语句是可以自行选择的。如果没有明确的返回值,则编译器会自动添加 return 0。

稍后将更详细地讨论这些问题。重要的是,要知道这是一个可以编译和执行的、有效的 C++程序。

练习:编译和执行 main( )函数

在本练习中,将创建包含代码的名为 main. cpp 的源文件,编译文件并运行程序,借此来体会 C++环境。

① 使用最喜欢的文本编辑器(Sublime Text,Visual Studio Code,Atom,或者如果使用 Windows 可以使用 Notepad++),创建一个新文件,并将其命名为 main. cpp。

② 在 main. cpp 文件中编写以下代码并保存:

```
int main()
{
    return 0;
}
```

③ 使用以下命令编译 main. cpp 文件:

```
// Unix 操作系统
> g++ main.cpp
//Windows 系统
> cl /EHsc main.cpp
```

④ 编译过程将生成一个可执行文件,在 Windows 系统中命名为 main. exe,在 Unix 操作系统中命名为 main. out。

2.3   内置数据类型

在大多数编程语言中,数据存储在变量中,变量是由程序员定义的内存部分的标签。每个变量都有一个关联的类型。该类型决定变量可以保存哪种类型的值。C++的内置数据类型分为两类:

● 基本数据类型:用户可以直接使用它来声明变量。
● 抽象或用户定义的数据类型:由用户定义,如在 C++中定义类或结构。

2.3.1　基本数据类型

基本数据类型包括以下类型：

● 整数：int 类型存储－2 147 483 648～2 147 483 647 整数值。这种数据类型通常占用 4 字节内存空间。

● 字符：char 类型存储字符数据。其空间足够用于表示任一 UTF－8 单字节代码单元；对于 UTF－16 和 UTF－32，分别使用 char16_t 和 char32_t。char 类型通常占用 1 字节内存空间。

● 布尔型：bool 数据类型能够容纳两个值之一，即真或假。

● 浮点：float 类型用于存储单精度浮点值。这种数据类型通常占用 4 字节内存空间。

● 双浮点：double 类型用于存储双精度浮点值。这种数据类型通常占用 8 字节内存空间。

● 空类型：void 类型是无值数据类型，用于没有返回值的函数。

● 宽字符：wchar_t 类型也用于表示字符集，但支持的存储空间更大。char 支持 8～32 位之间的字符，而宽字符是 2～4 字节。字符类型 char 和 wchar_t 用于保存字符在机器字符集中对应的数值。

2.3.2　数据类型修饰符

C++编程语言提供的数值类型分为 3 类：

● Signed(有符号)；

● Unsigned(无符号)；

● Floating point(浮点)。

有符号和无符号类型空间大小不同，也就是说，它们可以表示更小或更大范围的数值。

整数类型可以是有符号的或无符号的，其中有符号的类型可以用来区分负数或正数，而无符号的类型只能表示大于或等于零的数值。

有符号关键字是可选的；如果类型是无符号的，程序员只需要指定它。因此，signed int 和 int 是相同的类型，但它们与 unsigned int(为了简便也可以使用 unsigned)不同。实际上，如果未指定，则编译过程总是把无符号类型默认为 int 整型。整数可以有不同的大小：

● int(整型)；

● short int(短整型)；

● long int(长整型)；

● long long int(长长整型)。

根据标准，short int(短整型)或只是 short 至少为 16 位。也就是说，它可以保存范围为－32 768～32 767 的值。如果是无符号类型，那么 unsigned short int(无符号短整型)或只是 unsigned int(无符号整型)的数据范围为 0～65 535。

注意：由于编译代码的平台不同,类型在内存中的有效大小会有所改变。从数据中心的超级计算机到工业环境中的小型嵌入式芯片,许多平台中都有 C++存在。为了能够支持所有这些不同类型的机器,该标准只对内置类型设置了最低要求。

2.3.3　变量定义

storage(储存)变量用于引用内存中保存该值的位置。C++是一种强类型语言,该语言要求每个变量在第一次使用之前声明变量的类型。编译器通过判断变量的类型来确定变量需要保留的内存以及解释其值的方法。

以下语句用于声明一个新变量:

```
type variable_name;
```

C++中的变量名可以包含字母表中的字母大小写、数字和下划线(_)。虽然允许有数字,但数字不能是变量名的第一个字符。相同类型的多个变量可以在同一条语句中声明,需要分别列出它们的变量名,并用逗号分隔:"type variable_name1, variable_name2,…;"这等同于以下语句:

```
type variable_name1; type variable_name2; type ...;
```

声明一个变量后,该变量的值直到执行赋值前都是不确定的。也可以用给定的值声明一个变量,该操作称为变量初始化。初始化变量一种最为常见的方法,也称为类 C 初始化,使用以下语句:

```
type variable_name = value;
```

另一种方法是构造函数初始化,将在第 4 章"类"中详细介绍。构造函数初始化的语句如下:

```
type variable_name (value);
```

统一初始化或列表初始化引入了双括号初始化,双括号初始化允许对不同类型的变量和对象进行初始化:

```
type variable_name {value};
```

2.3.4　变量初始化

初始化变量时,编译器可以计算出存储所提供的数值所需的类型,也就是说,不需要指定变量类型。编译器能够推断出变量的类型,该特性称为类型推断。因此,在初始化期间,可以引入 auto 关键字来替换类型名。初始化语句变为

```
auto variable_name = value;
```

避免直接提供类型的另一种方法是使用 decltype 说明符。它用于推断给定实体类

的类型,语法如下:

```
type variable_name1;
decltype(variable_name1) variable_name2;
```

这里,编译器根据从 variable_name1 中推断的类型来声明 variable_name2。

注意:C++ 11 标准引入了使用 auto 和 decltype 关键字的类型推导,以便在无法获得类型时简化和方便变量声明。但与此同时,在不需要的情况下扩展其使用会降低代码的可读性。

在以下代码中,通过创建一个命名为 main.cpp 新的源文件来检查变量的有效声明,并进行分析。

下列哪一项是有效的声明?

```
int foo;
auto foo2;
int bar = 10;
sum = 0;
float price = 5.3, cost = 10.1;
auto val = 5.6;
auto val = 5.6f;
auto var = val;
int  a = 0, b = {1} , c(0);
```

2.4 指针和引用

在前一节中,变量是指可以通过其名称访问的内存部分。通过这种方式,程序员不需要记住为变量保留的内存的位置和大小,就可以方便地引用变量名。在 C++ 中,检索变量的实际内存地址的方法是在变量名前面加上一个"&"符号,称为取址操作符。

使用取址操作符的语法如下:

```
&variable_name
```

在代码中使用取址操作符将返回该变量的物理内存地址。

2.4.1 指 针

在 C++ 中,能够存储内存地址的数据结构称为指针。指针总是指向特定类型的对象,因此当声明指针时,需要指定指向对象的类型。声明指针的语法如下:

```
type * pointer_name;
```

当涉及指针时,一条语句中也可以有多个声明,但一定要记住每个指针声明都需要一个星号(*)。多指针声明的示例如下:

```
type * pointer_name1, * pointer_name2, * ...;
```

如果仅在第一个声明前指定星号,则两个变量将具有不同的类型。例如,在以下声明中,只有前者被声明为指针:

```
type * pointer_name, pointer_name;
```

注意:指针独立于指针变量类型,指针在内存中始终占据相同的大小空间。这是因为指针所需的内存空间与变量存储的值无关,而是与平台相关的内存地址有关。

直观上,指针赋值语法和其他变量的语法一样:

```
pointer_name = &variable_name;
```

以上语句会把 variable_name 变量的内存地址,复制到命名为 pointer_name 的指针中。

以下代码段首先用 variable_name 的内存地址初始化 pointer_name1,然后用存储在 pointer_name1 中的值初始化 pointer_name2,该值是 variable_name 的内存地址。因此,pointer_name2 最终将指向 variable_name 变量:

```
type * pointer_name1 = &variable_name;
type * pointer_name2 = pointer_name1;
```

以下执行无效:

```
type * pointer_name1 = &variable_name;
type * pointer_name2 = &pointer_name1;
```

这次,将用 pointer_name1 的内存地址初始化 pointer_name2,从而产生一个指向另一个指针的指针。使用以下代码可以将一个指针指向另一个指针:

```
type ** pointer_name;
```

两个星号(**)表示所指向的类型为指针。总的来说,在语法上指针声明中每建立一级指向关系就需要一个星号。

要访问给定内存地址的实际内容,可以使用解除引用操作符(*),解除引用操作符(*)后跟随内存地址或指针:

```
type variable_name1 = value; type * pointer_name = &variable_name1;
type variable_name2 = * pointer_name;
```

variable_name2 所包含的值与 variable_name1 所包含的值相同。赋值时也是如此:

```
type variable_name1 = value1;
type * pointer_name = &variable_name1;
* pointer_name = value2;
```

2.4.2 引 用

与指针不同,引用只是对象的别名,本质上是给现有变量赋予另一个名称的一种方式。定义引用的方法如下:

```cpp
type variable_name = value;
type &reference_name = variable_name;
# include  <iostream>
int main()
{
    int first_variable = 10;
    int &ref_name = first_variable;
    std::cout << "Value of first_variable: " << first_variable << std::endl;
    std::cout << "Value of ref_name: " << ref_name << std::endl;
}
//输出
Value of first_variable: 10
Value of ref_name: 10
```

可以发现指针有 3 个主要特征:

- 初始化后,引用绑定到其初始对象。因此,不能将该引用重新分配给另一个对象。实际上,对该引用执行的任何操作都是对已引用对象的操作。
- 因为不能重新绑定引用,所以必须进行初始化。
- 引用总是与存储在内存中的变量相关联的,但是该变量可能无效,在这种情况下,不应该使用该引用。

可以定义对同一对象的多个引用。由于引用不是一个对象,所以不能定义对引用的引用。在以下代码中,假设 a 是整数,b 是浮点数,p 是指向整数的指针,验证哪个变量初始化有效,哪个变量初始化无效:

```cpp
int &c = a;
float &c = &b;
int &c; int * c;
int * c = p;
int * c = &p;
int * c = a;
int * c = &b;
int * c = * p;
```

2.4.3 常量限定符

在 C++ 中,可以定义一个变量,使其数值在初始化后不可以修改。可以使用 const 关键词来告知编译器。声明和初始化常量变量的语法如下:

```
const type variable_name = value;
```

在 C++程序中,强制不可变性有几个原因,最重要的是保证正确性和性能。确保一个变量恒定不变,可以防止代码编译时发生意外地更改该变量的情形,从而防止出现错误。另一个原因是,告知编译器变量的不变性,可以优化代码和代码执行后的逻辑。

注意:创建对象后,如果其状态保持不变,则此特性称为不变性。

不变性的示例如下:

```cpp
#include <iostream>
int main()
{
    const int imm = 10;
    std::cout << imm << std::endl;
    //输出: 10
    int imm_change = 11;
    std::cout << imm_change << std::endl;
    //输出: 11
    imm = imm_change;
    std::cout << imm << std::endl;
    //错误:不能改变 imm 的值
}
```

如果对象创建后其状态不变,则称对象具有不可变性。如果类的实例不可变,则称类具有不可变性。现代 C++也支持使用 constexpr 关键词表示不变性。它通常用于需要编译器对常量求值的情形。此外,每个声明为 constexpr 的变量都是隐式常量。前面的章节中,我们介绍了指针和引用;指针和引用也同样可以声明为常量。其语法如下:

```cpp
const type variable_name;
const type &reference_name = variable_name;
```

该语法展示了如何声明具有常量类型对象的引用,这样的引用称为常量引用。不能使用对常量的引用来更改其引用的对象。为表示所引用的对象将作为不可变对象使用,可以把常量引用绑定到非常量类型:

```cpp
type variable_name;
const type &reference_name = variable_name;
```

但是,不允许出现相反的情况。如果对象是常量,那么只有常量引用才能引用该对象:

```cpp
const type variable_name = value;
type &reference_name = variable_name; // 错误
```

示例如下:

```
#include <iostream>
int main()
{
    const int const_v = 10;
    int &const_ref = const_v;
    //错误
    std::cout << const_v << std::endl;
    //输出：10
}
```

和引用一样，指针也可以指向常量对象，语法与引用类似：

```
const type * pointer_name = &variable_name;
```

示例如下：

```
#include <iostream>
int main()
{
    int v = 10;
    const int * const_v_pointer = &v;
    std::cout << v << std::endl;
    //输出：10
    std::cout << const_v_pointer << std::endl;
    //输出：v 的内存地址
}
```

常量对象地址只能存储在指向常量的指针中，但反之不行。可以让一个指向常量的指针指向一个非常量对象，在这种情况下，就像常量引用一样，不能保证对象本身不会改变，但只能保证该指针不能用来修改该对象。

对于指针，由于其本身也是对象，因此可以使用常量指针。虽然对于引用而言，常量引用只是对常量的引用的简称，但对于指针而言并非如此，它拥有完全不同的含义。

实际上，常量指针本身就是常量。这里，指针不表示任何所指向对象的内容；它可以是常量，也可以是非常量，但是不能改变初始化后指针指向的地址。语法如下：

```
type * const pointer_name = &variable_name;
```

可以看到，常量关键词放在“ * ”符号之后。记住这条规则的最简单方法是从右向左读取，因此 pointer - name > const > * > type 可以按照如下方式读取：pointer - name 是指向类型为 type 的对象的常量指针。示例如下：

```
#include <iostream>
int main()
{
    int v = 10;
    int * const v_const_pointer = &v;
```

```
        std::cout << v << std::endl;
        //输出：10
        std::cout << v_const_pointer << std::endl;
        //输出：v 的内存地址
}
```

注意：指向常量的指针和指针常量彼此独立，可以在同一个声明中表示。

```
const type * const pointer_name = &variable_name;
```

上述声明表明所指向的对象和指针都是常量。

2.4.4 变量的作用域

正如我们所看到的，变量名称是程序中一个特定实体类型。在程序的运行区域中，该名称具有特殊含义，该区域称为该名称的作用域。C++中的作用域由花括号分隔，称不同的作用域为块。在任何块之外声明的实体类型都具有全局作用域，并且在代码的任何区域都有效，如图 2.3 所示。

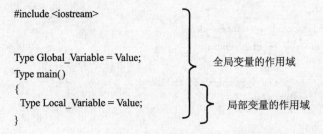

图 2.3　变量的作用域

同一个名称可以在不同的作用域中声明，并指向不同的实体类型。此外，一个名称从它被声明开始到它的声明所处的块的结尾为止都是可访问的。让我们通过以下示例来理解全局变量和局部变量的作用域：

```
# include <iostream>
int global_var = 100;
//全局变量初始化
    int print(){
        std::cout << global_var << std::endl;
        //输出：100
        std::cout << local_var << std::endl;
        //输出：错误：超出范围
    } int main()
    {
        int local_var = 10;
        std::cout << local_var << std::endl;
        //输出：10
```

```
    std::cout << global_var << std::endl;
    //输出：100
    print();
    //输出：100
    //输出：错误：超出范围
}
```

作用域可以相互嵌套，我们把包含和被包含的作用域分别称为外部作用域和内部作用域。在外部作用域中，声明的名称可以在内部作用域中使用。我们也可以重新声明最初在外部作用域中声明的名称。其结果是：新变量将服从于内部作用域的声明，而非外部作用域的声明。

请看以下代码：

```
# include <iostream>
int global_var = 1000;

int main()
{
    int global_var = 100;
    std::cout << "Global：" << ::global_var << std::endl;
    std::cout << "Local：" << global_var << std::endl;
}
```

输出如下：

```
Global：1000
Local：100
```

在第 3 章中，将探讨如何在函数中使用局部变量和全局变量。在以下代码中，可以在不执行程序的情况下找到所有变量的值。以下程序说明了如何进行变量初始化：

```
# include <iostream>
int main()
{
    int a = 10;
    {
        int b = a;
    }
    const int c = 11;
    int d = c;
        c = a;
}
```

2.5 控制流语句

在程序设计中,我们很少仅仅设计一个线性操作序列来实现特定功能的执行。通常,程序必须能够以不同的方式响应不同的情况,或者在不同情境中多次执行相同的操作。接下来可以看到程序员如何使用 C++提供的控制流语句,以实现控制程序执行的操作顺序。

2.5.1 if-else 选择语句

C++支持条件判断的执行程序,其中 if 关键字指示是否执行后续的语句或块,这取决于所提供条件的满足情况:

```
if (condition) statement
```

如果 condition 语句表达式的计算结果为真,则执行该语句;否则,程序将继续执行后续代码。条件执行的代码可以是一条语句,也可以是包含多条语句的块。这些语句需要用大括号"{}"括起来,形成一个块:

```
if (condition) {
    statement_1;
    statement_2;
    statement_N;
}
```

要注意的是,我们可能会忘记使用大括号,而以如下方式编写控制语句:

```
if (condition)
  statement1
  statement2
```

在这种情况下,编译器不会发出警告,而会根据条件执行 statement1,但始终执行 statement2。因此,为了避免这种情况出现,最好养成添加括号的习惯。当条件的计算结果为假时,可以通过使用 else 关键字连接语句或块来控制程序指定执行其他操作。

下面的语法用于指示如果 condition 语句为真,则应该执行 statement1;否则执行 statement2:

```
if (condition) statement1 else statement2
```

最后,可以连接多个 if-else 语句,从而产生更复杂的逻辑分支。检查以下示例:

```
if (condition1) {
    statement1
    } else if (condition2) {
        statement2
```

```
} else {
    statement3
}
```

采用这种结构，程序可以检查无限数量的条件，并只执行相应的语句或 else 分支中包含的最后一条语句。需要注意的是，一旦满足其中一个条件，程序将跳过后续的所有条件。例如：

```
if (x > 0) {
    //当 x 大于 0 时，将执行 statement1
    //如果条件不成立，程序将跳转到 else 块
    statement1
    } else if (x > 100) {
    statement2
}
```

对任何正数 x，不管它是否大于 100，程序总是执行前面的代码 statement1。

还可以将几个 if 关键字进行排序，如下所示：

```
if (condition1)
//如果 condition1 为真，则执行 statement1
statement1 if (condition2)
//如果 condition2 为真，则执行 statement2
statement2
    /* 无论 condition1 和 condition2 是否为真，都独立地执行 statement3 */ statement3
```

让我们通过以下示例来分析上述的逻辑：

```
#include <iostream>
int main()
{
    int x = 10;
    if   (x > 0){
        std::cout << x << std::endl;
    }
    if (x > 11 ){
        std::cout << x << std::endl;
    }
    else{
        std::cout << x - 1 << std::endl;
    }
}
```

输出如下：

10

9

通过这种方式,我们可以独立地计算所有条件,并且执行多条语句。

注意：由于 else 语句没有定义的条件,因此在对 if 语句求值后(如果均为假),控制会进入 else 块,执行该语句。

2.5.2 switch 选择语句

另一个与 if - else 连接结构类似的选择语句是 switch 语句。它仅限于常量表达式,主要用于在多个可能的表达式中检查一个特定的值：

```
switch (expression)
{
    case constant1:
        group - of - statements - 1;
    break;
    case constant2:
        group - of - statements - 2;
    break;
    ...
    default:
        default - group - of - statements;
    break;
}
```

switch 关键字后面括号中的表达式将根据多种情况进行计算,搜索表达式和常量相等的第一种情况。如果所有条件都不匹配,则执行 default 后续的语句(如果 default 语句存在,可以自行决定是否添加 default 语句)。

需要谨记的是,求值的顺序是连续的,只要常量匹配,编译器就会执行相应的语句组。break 关键字用于阻止它们继续执行。如果不包含 break 关键字,则还将执行后续所有满足条件的 case 的相应语句组。

2.5.3 for 循环

for 循环是用于重复特定语句的结构。for 循环的语法如下：

```
for (initialization; condition; increase){
    statement1;
    statement2;
        ⋮
    statementN;
}
```

for 循环由两部分组成：循环头和循环体。循环头由括号分割,用于控制循环体的重复次数,由初始化、条件和变量更新语句组成。循环体可以是一条语句,也可以是由多个语句组成的块。

首先,初始化语句通常(但不是必需的)用于声明新变量(该变量通常是一个计数器),并将其初始化为某个值。初始化语句只在循环的开始执行一次。

其次,检查条件语句。这类似于为 if 语句检查条件。如果条件为真,则执行循环体;否则,程序将执行 for 循环体之后的语句。

在循环体执行之后,将执行变量更新语句。通常,这会改变初始化语句中的计数器变量。然后,程序将再次检查条件,如果为真,则重复这些步骤。当条件的计算结果为假时,循环结束。

for 循环头中的语句是可选的,可以为空,但分号不能省略。当省略条件时,它总是计算为真。例如,以下语句对应于无条件执行的无限循环:

```
for ( ; ; ) statement;
```

循环的另一个变体称为基于范围的 for 循环,其语法如下:

```
for (declaration : range) statement;
```

范围(range)类似于数组,是元素的序列,我们将在下一节中对此进行详细阐述。基于范围的 for 循环用于迭代这些序列的所有元素。范围是序列的名称,在 for 声明中,该名称是循环时每次迭代声明的临时变量。该临时变量用于存储当前元素。声明的类型必须与范围中包含元素的类型相同。

注意:我们可以通过使用类型推导和 auto 关键字来提高代码的可读性,帮助程序员准确地使用正确的类型,基于范围的 for 循环就是一个很好的示例。

放置在循环中的循环称为嵌套循环。可以通过图 2.4 来理解嵌套循环的含义。

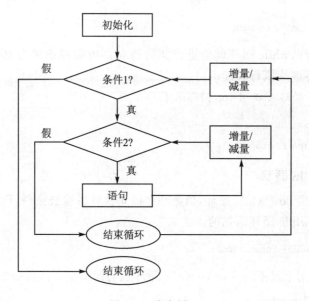

图 2.4　嵌套循环

通过以下示例,可以探索嵌套循环的执行过程,并且在控制台上输出一个反向的半三角形:

```cpp
#include <iostream>
int main()
{
    for (int x = 0; x < 5; x++){
        for (int y = 5; y > x; y--){
            std::cout << "*";
        }
        std::cout << "\n";
    }
}
```

输出如下:

```
*****
****
***
**
*
```

2.5.4　while 循环

另一个迭代语句是 while 循环。它与 for 循环相比更为简单。while 循环语句的语法如下:

```cpp
while (condition) statement;
```

只要满足条件,while 循环就会重复执行语句。当条件不再为真时,循环结束,在循环结束后,程序继续执行后续语句。

注意: while 循环可以用 for 循环来表示。

示例如下:

```cpp
for (; condition ;) statement;
```

1. do-while 循环

类似的循环是 do-while 循环,该循环在语句执行后检查条件,而非在语句执行前检查条件。do-while 循环语句的语法如下:

```cpp
do statement while (condition);
```

即使条件语句永远不为真,do-while 循环也会保证至少执行一次语句。

2. break 和 continue

不管循环是否满足条件,break 关键字都用于独立地结束循环。在以下程序中,当

condition2 为真时,break 语句将立即终止 while 循环:

```
while (condition1){
    statement1;
    if (condition2)
        break;
}
```

continue 语句还可以用于在当前迭代中跳过循环体的其余部分。在下面的示例中,当 condition2 求值为真时,调用 continue 将导致程序直接到达循环的末尾,跳过 statement2,继续进行下一个迭代:

```
while (condition1){
    statement1;
    if (condition2)
        continue;
    statement2;
}
```

注意:在 for 和 while 循环中都可以使用 break 和 continue 语句。

2.6　Try – catch

在程序执行期间,程序可能会发生错误。我们将这些运行时出现的问题称为异常,用于表示对程序正常运行之外出现的异常情况的响应。对于程序员而言,设计出高容错率的代码往往是最困难的任务之一。当程序遇到无法处理的问题时,通常使用 throw　关键字来指出异常。这也称为触发异常。

try 关键字后跟随引出一个或多个异常的语句块。这些异常由一个或多个 catch 子句引导,顺序地列在 try 块之后。其语法如下:

```
try {
    statement1;
} catch (exception – declaration1) {
    statement2;
} catch (exception – declaration2) {
    statement3;
}
...
```

catch 块由 catch 关键字、异常声明和语句块组成。根据 try 块中抛出的异常,选择一个 catch 子句并执行相应的块。一旦 catch 块终止,程序继续执行最后一个 catch 子句后面的语句。让我们通过以下示例来体会 try – catch 条件语句如何处理异常:

```
# include <iostream>
int main()
{
    int x = 10;
    try {
        std::cout << "Inside try block" << std::endl;
        if (x > 0) //真
        {
            throw x; //跳过后续语句
            std::cout << "After throw keyword" << std::endl;
        }
    }
    catch (int x ) {
        std::cout << "Inside catch block: Exception found" << std::endl;
    }
    std::cout << "Outside try - catch block" << std::endl;
}
```

输出如下：

```
Inside try block
Inside catch block: Exception found
Outside try - catch block
```

练习：计算特定数字在给定列表中出现的次数

在本练习中，我们将讨论如何使用 if 语句和 for 循环来计算神奇的数字。这里，将在 1～30 中找出所有能被 3 整除的数的个数。

执行以下步骤：

① 引入所有需要的头文件：

```
# include <iostream>
```

② 我们需要在计数器中存储一个数，用于表示能够被 3 整除的数出现的次数。为此，我们定义并初始化常量变量为 0：

```
unsigned count = 0;
```

③ 使用 for 循环，产生 1～30 的值，这样可以检查它们是否能被 3 整除：

```
for(unsigned x = 1;
 x < = 30; x++){
}
```

④ 使用 if 语句和表达式 x%3==0 来执行 for 循环体的判断过程，如果除法的余数为 0，则该表达式的值为真：

```
if (x % 3 == 0) {
```

```
    count ++ ;
}
```

⑤ 如果前面的条件返回为真,那么变量 x 可以被 3 整除,我们可以增加计数器的计数。

⑥ 输出打印 count 的值:

```
std::cout << count << std::endl;
```

任务 1: 使用 while 循环查找在 1~100 之间能够被 7 整除的数

在接下来的任务中,将使用 while 循环并依据练习中的思路,输出在 1~100 之间能够被 7 整除的数。现在按照以下方式,使用 while 循环重写练习中的代码:

① 创建无符号类型变量。

② 使用 while 循环,编写逻辑语句来输出能够被 7 整除的数。

③ 在每次迭代后增加 i 的值。使用以下代码:

```
i ++ ;
```

2.7　数　组

数组是一种包含一系列相同类型元素的数据结构。数组将这些元素存储在连续的内存位置中,可以按其位置单独访问元素。数组的大小固定,不能扩展;这有助于提高程序的运行性能,但相应地,也会限制程序的灵活性。

2.7.1　数组声明

和其他变量一样,数组在使用之前也需要声明。数组声明形式如下:

```
type name [elements];
```

这里,type 是数组包含元素的类型;name 是数组变量的标识符;elements 是数组的长度,用于表示数组中包含的元素数目。在编译时,elements 需为一个已知的常量表达式,因为我们需要计算数组的大小,以确定需要分配的静态内存块的维数。

在声明数组时,数组的内容往往不确定,也就是说,没有给数组元素设置任何特定的值。而程序员往往期望数组元素能够被初始化为默认的值,因此这会给程序员带来一定的困扰。

2.7.2　数组初始化

在数组初始化声明时,将初始值包含在大括号中用来赋予数组元素特定的值:

```
int foo [5] = { 1, 2, 11, 15, 1989 };
```

当初始化数组时,也可省略数组的长度,其长度由所提供数值的数量决定。以下声明与上述声明等同:

```
int foo [] = { 1, 2, 11, 15, 1989 };
```

如果设定了数组的长度,但用较少的元素初始化数组,那么程序会将剩余的值初始化为零。例如:

```
int foo [5] = { 1, 2, 11 };
```

上述代码等同于以下代码:

```
int foo [5] = { 1, 2, 11, 0, 0 };
```

2.7.3 访问数组的值

访问数组的值的方式与访问相同类型的其他值的方式一样。访问数组的语法如下:

```
name[index]
```

可以访问数组中的特定元素,并将它存储为新的元素或读取数组中元素的值。例如,以下语句更新上述已声明的 foo 数组中序号为 4 的数值:

```
foo [4] = 15
```

以下的语句用于将序号为 2 的元素数值复制到新变量中:

```
int x = foo [2]
```

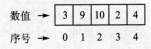

数组初始化

数值 → | 3 | 9 | 10 | 2 | 4 |

序号 → 　0　1　2　3　4

图 2.5 初始化一维数组

需要注意的是,序号 4 和序号 2 的元素分别指向第五和第三个元素。这是由于数组从 0 开始编号。图 2.5 说明了数组元素序号的编号方式。

超过数组有效范围的索引在语法上是正确的,因此编译器不会报错。但是在 C++中访问数组越界是未定义行为,这意味着代码的行为并不符合语言规范,这可能会导致运行错误。例如,访问内存中未分配的位置引起的错误或由于试图访问不属于程序的内存而导致程序终止(分割故障)。

2.7.4 多维数组

通常把多维数组描述为数组的数组,其数组的元素是其他数组。以下语法将展示二维数组:

```
type name [n][m];
int bi_array [3][4]
```

这里,n 是数组的维数,m 是元素的维数。

通常,在二维数组中第一个维度称为行,第二个维度称为列。多维数组不限于二维;如果需要,可以创建任意多维数组,但需注意,所占用的内存会随维数的增长呈指数级增长。与一维数组类似,通过初始化每一行的数值来初始化多维数组。请看以下代码:

```cpp
#include <iostream>
int main()
{
    int foo [3][5] = {{ 1, 2, 11, 15, 1989 }, { 0, 7, 1, 5, 19 }, { 9, 6, 131, 1, 2 }};
    for (int x = 0; x < 3; x++)
    {
        for (int y = 0; y < 5; y++)
        {
            std::cout << "Array element at [" << x << "]" << "[" << y << "]: " << foo[x][y] << std::endl;
        }
    }
}
```

输出如下:

```
Array element at [0][0]: 1
Array element at [0][1]: 2
Array element at [0][2]: 11
Array element at [0][3]: 15
Array element at [0][4]: 1989
Array element at [1][0]: 0
Array element at [1][1]: 7
Array element at [1][2]: 1
Array element at [1][3]: 5
Array element at [1][4]: 19
Array element at [2][0]: 9
Array element at [2][1]: 6
Array element at [2][2]: 131
Array element at [2][3]: 1
Array element at [2][4]: 2
```

另外,由于编译器可以从数组声明中推断出内部数组的长度,因此嵌套的大括号可以省略。如果为提高程序的易读性,也可以保留嵌套的大括号:

```cpp
int foo [3][5] = {1, 2, 11, 15, 1989, 0, 7, 1, 5, 19, 9, 6, 131, 1, 2};
```

任务 2:定义一个二维数组并初始化其元素

在此任务中,将定义一个类型为 int 的二维数组(3×3),并按照步骤编写程序,对数组中的所有元素进行赋值:

① 定义一个大小为 3×3 的整数数组。

② 使用嵌套的 for 循环迭代数组的每个元素,并把 x 和 y 的乘积分配给索引项。

2.8 总 结

在本章中,我们了解了 C++语言的基本结构和语法。首先学习了编译模型的基本结构,了解了将 C++源代码转换为可执行程序的过程;编写、编译并运行了第一个程序——一个简单的 main()函数,并成功地得到了正常的退出/返回值;学习了该语言提供的内置数据类型。

学习了如何声明和定义变量名,以及引用和指针之间的区别;还学习了常量限定符的使用方法及其优点。此外,还讨论了控制流语句以及如何利用它们执行较复杂的操作。最后,学习了数组和多维数组,以及执行初始化和访问数组数值的操作。在下一章中,我们将学习 C++中的函数,以及在代码中如何和为何使用这些函数。

第 3 章 函 数

3.1 引 言

函数是程序员编写可维护代码的核心工具。在几乎所有的编程语言中,函数的概念都十分常见。在不同的语言中,函数有不同的名称,如过程、例程等,但它们都有两个主要的特征:

- 函数由指令序列组成;
- 指令序列由名称标识,该名称可以用来指向函数。

当需要运行函数功能时,程序员可以访问或调用函数。当调用该函数时,程序执行指令序列。调用函数还可以向在程序操作中使用的函数提供数据。使用函数的主要优点如下:

- 减少重复。一个程序经常需要在代码库的不同位置重复相同的操作。函数使得我们可以编写一个经过测试、记录并具有高质量的单一执行程序。程序员可以从代码库中的不同位置调用此代码,从而实现代码的可重用性,因此也提高了程序员的工作效率和软件的质量。
- 提高代码的可读性和可修改性。在程序中,往往需要执行多个操作才能实现一个功能。在这种情况下,将这些操作组合在一个函数中,并给函数一个描述性的名称,可以帮助我们理解函数的功能。使用函数极大地提高了代码的可读性,因为函数的名称描述了函数的功能,而不受实现结果的其他步骤的干扰。函数还使得程序的测试和调试更为容易,因为可能只需修改函数,而不必重新访问程序的具体结构。
- 高度的抽象化。将函数的名称以其功能命名,可以使得我们只需调用代码即可知道函数功能,而不必知道如何执行该操作。

注意:抽象化是从类中提取所有相关属性并展示其相关属性的过程,同时隐藏对特定用法不重要的细节。在计算机科学中,我们希望应用相同的概念:捕获类的关键基本属性,而不显示实现该类的具体算法。

sort 函数是一个典型的示例,许多语言中都有该函数。我们只需知道该函数需要提供的数据以及输出的结果,但是很少知道该函数的算法,甚至其算法在不同的语言中也可能有所改变。

3.2　函数声明和定义函数

3.2.1　函数声明

函数声明的作用是告诉编译器函数的名称、参数和返回类型。在函数声明后,程序员可以在程序的其余部分使用该函数。函数执行的操作由函数的定义决定。函数的声明由返回值的类型、函数名称和括号内的参数列表组成。后两者构成了函数签名。函数声明的语法如下:

```
//声明:函数缺省了返回值类型部分
function_name(parameter list);
```

如果函数不返回任何内容,则可使用类型 void。如果函数不需要任何参数,则列表可为空。请看以下函数声明的示例:

```
void doNothingForNow();
```

在这里,声明了一个名为 doNothingForNow()的函数,它不接受任何参数,也不返回任何内容。在声明之后,可以在程序中调用 doNothingForNow()函数。如果要调用没有任何参数的函数,则需在函数名称后面加上一组括号。当调用函数时,执行流从当前正在执行的函数体跳到被调用的函数体。

在以下示例中,执行流从 main()函数开始,按顺序执行操作。执行流遇到的第一个操作是调用 doNothingForNow()函数。此时,执行流进入 doNothingForNow()函数的主体。当执行完函数内的所有操作后,或者函数指示返回调用函数时,执行流将继续执行调用函数的后续操作。在以下示例中,函数调用后的操作将在控制台上输出 Done:

```
#include <iostream>
void doNothingForNow();
int main() {
    doNothingForNow();
    std::cout << "Done";
}
```

该程序会编译成功,但其连接将会失败。

在该程序中,我们指示编译器调用 doNothingForNow()函数,编译器会生成调用 doNothingForNow()函数的输出。连接器会尝试从编译器的输出创建一个可执行文件,但是由于我们没有定义 doNothingForNow(),因此连接器无法找到函数的定义,从而导致连接失败。要想成功地编译程序,则必须定义 doNothingForNow()。在下一小节中,我们将使用相同的示例探讨如何定义函数。

3.2.2　定义函数

定义函数需要编写用于声明的相同信息：返回类型、函数名称和参数列表，后续跟随函数体。函数体由花括号包含的语句序列组成，它划定了一个新的作用域。执行函数时，程序会按顺序执行语句：

```
//定义：包含返回类型的函数
function_name( parameter_list ) {
    statement1；
    statement2；
    ...
    last statement；}
```

可以通过添加 doNothingForNow() 的函数体来修改程序：

```
void doNothingForNow() {
    //不执行任何操作
}
```

在这里，我们定义了一个主体为空的 doNothingForNow() 函数。这意味着，一旦执行该函数，控制流将返回到调用它的函数。

注意：定义函数时，需要确保函数签名（返回值、名称和参数）与声明相同。定义也算作声明。如果在调用函数之前先定义该函数，就可以省略声明。

现在已经定义了函数，那么就可以重新访问程序：

```
#include <iostream>
void doNothingForNow() {
    //不执行任何操作
}
int main() {
    doNothingForNow();
    std::cout << "Done";
}
```

如果编译并运行该程序，我们将成功运行并在控制台输出 Done。

程序中，只要声明相同，同一个函数就可以拥有多个声明。但另一方面，单定义规则（ODR）规定，函数只能拥有一个定义。

注意：如果在不同的文件中编译，同一函数可能会被多次定义，但这些定义必须保持相同。如果定义不相同，那么程序可能会出错误。

编译器并不会发出警告！解决方案是在头文件中声明，在执行文件中定义。头文件可以包含在多个不同的执行文件中，我们可以在这些文件中调用该函数。程序仅编译执行文件一次，因此，可以保证编译器仅定义函数一次。然后，连接器将编译器的所有输出连接在一起，查找函数的定义，并生成有效的可执行文件。

练习:从 main()中调用函数

在应用程序时,希望程序可以记录错误,为此可以使用 log()函数。调用该函数时,程序会在标准输出中输出 Error!。创建一个可以被多个文件调用的函数,并将该函数放在一个可以被包含的不同的头文件中:

① 创建一个名为 log.h 的文件,并声明一个名为 log()的函数,该函数不返回任何参数:

```
void log();
```

② 创建一个名为 log.cpp 的新文件,此处,定义 log()函数并打印到标准输出:

```
#include <iostream>
//此处定义 std::cout 和 std::endl
void log() {
    std::cout << "Error!" << std::endl;
}
```

改变 main.cpp 文件使其包含 log.h 并在 main()函数中调用 log():

```
#include <log.h>
int main() {
    log();
}
```

编译这两个文件并运行可执行文件,最终将看到程序打印输出"Error!"。

3.3 局部变量和全局变量

3.3.1 变 量

函数的主体是包含有效语句的代码块,其中包含变量定义。函数使用这样的语句声明局部变量。相反,全局变量的声明在函数之外。局部变量和全局变量的区别在于声明该变量的作用域,以及允许访问该变量的区域不同。

注意:局部变量在函数作用域内,只有该函数能访问该局部变量。相反,任何函数都可访问全局变量。

使用局部变量相较于使用全局变量具有一定的优势,因为局部变量支持封装:只有在函数体中的代码可以访问和修改该变量,在程序的其余部分该变量隐藏不见。因为程序限制,只有在函数体中能够使用局部变量,并且确保没有其他代码访问局部变量,所以更容易理解函数如何使用变量。

使用封装通常有三个不同的原因,我们将在第 4 章"类"中对其展开详细的探讨:

● 为了限制某功能所使用数据的访问权限;

- 为了将数据和操作数据的功能捆绑在一起；
- 封装是允许创建抽象代码的关键概念。

另一方面，任何函数都可以访问全局变量。这使得函数使用全局变量时，我们很难确定该函数的值。要想确定该函数的值，不仅要明确该函数的功能，还要明确程序中所有其他使用该全局变量的代码的功能。

此外，后续添加到程序中的代码，可能会在函数中以无法预料的方式试图修改全局变量，这可能导致在不曾修改函数本身的情况下函数的功能受到破坏。因此，这极大地提高了修改、维护和优化程序的难度。

可以使用常量限定符解决该问题，这使得任何代码都无法更改该变量，因此可将该变量视为永远不会更改的值。

注意：尽可能对全局变量使用常量限定符。尽量避免使用可变的全局变量。在代码中使用全局常量变量，而不直接使用数值，是一种很好的编程习惯。这使得我们可以为该值指定名称和含义，同时可以避免使用可变全局变量带来的风险。

3.3.2　变量与对象

理解 C++中变量、对象以及对象的生命周期之间的关系，对于正确编写程序具有重要意义。

注意：对象是程序内存中的一段数据。变量是给对象起的名称。

在 C++中，变量作用域与该变量所引用对象的生命周期有所区别。变量作用域是程序的一部分，在该作用域中可使用该变量；相反，对象的生命周期是执行期间可有效访问该对象的时间。请看以下程序来理解对象的生命周期：

```
#include <iostream>
/* 1 */ const int globalVar = 10;
int * foo(const int * other) {
    /* 5 */ int fooLocal = 0;
    std::cout << "foo's local: " << fooLocal << std::endl;
    std::cout << "main's local: " << * other << std::endl;
    /* 6 */ return &fooLocal;
}
int main()
{
    /* 2 */ int mainLocal = 15;
    /* 3 */ int * fooPointer = foo(&mainLocal);
    std::cout << "main's local: " << mainLocal << std::endl;
    std::cout << "We should not access the content of fooPointer! It's not valid." << std::
    endl;
    /* 4 */ return 0;
}
```

对象的生命周期如图 3.1 所示。

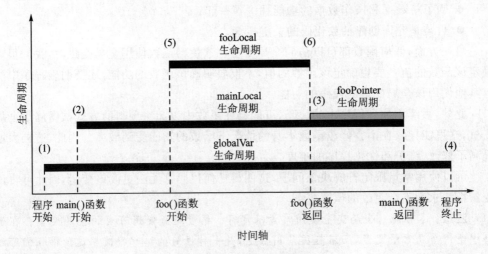

图 3.1　对象的生命周期

变量的生命周期从其初始化开始,到包含该变量的块结束时终止。即使存在指向变量的指针或引用,只有在变量仍然有效时,指引或引用才允许访问该变量。而 fooPointer 指向一个不再有效的变量,因此,我们无法使用该指针。

在函数作用域中声明局部变量时,当函数执行到变量声明时,编译器会自动创建一个对象;变量指向该对象。

相反,声明全局变量时,我们是在一个没有明确持续时间的作用域内声明该全局变量——该全局变量在程序整个运行时间内均可以被访问。因此,在任何函数——甚至 main() 函数执行之前,编译器就会创建该对象。

当执行完毕声明变量的作用域,或者在声明全局变量后程序终止时,编译器还需负责终止对象的生命周期。对象生命周期的终止通常称为销毁。

因为编译器负责初始化和终止与变量相关的对象的生命周期,所以在作用域块中声明的变量,无论是局部变量还是全局变量,都称为自动变量。

请看以下局部变量的示例:

```cpp
void foo() {
    int a;
}
```

在这种情况下,变量 a 是 int 类型的局部变量。当执行该语句时,编译器会自动初始化该变量引用的对象,即默认初始化,该函数结束时,编译器会自动销毁对象。

注意:基本类型默认初始化,如整数的默认初始化,没有任何作用。这就是说,没有给变量 a 赋予特定的数值。

如果定义多个局部变量,则编译器会按照声明的顺序初始化对象:

```cpp
void foo() {
    int a;
```

```
    int b;
}
```

在变量 b 初始化之前,编译器会先初始化变量 a。由于在变量 a 初始化之后初始化变量 b,所以在销毁变量 a 指向的引用之前,编译器就会销毁变量 b 的对象。

如果编译器从未执行该声明,则不会初始化变量。如果变量没有初始化,那么编译器也无法销毁该变量:

```
void foo() {
    if (false) {
        int a;
    }
    int b;
}
```

在这里,编译器并没有默认初始化变量 a,因此也无法销毁该变量。这与全局变量类似:

```
const int a = 1;
void main() {
    std::cout << "a = " << a << std::endl;
}
```

在调用 main() 函数之前初始化变量 a,在 main() 函数返回数值后销毁变量 a。

练习:在斐波那契数列中使用局部变量和全局变量

我们想编写一个返回斐波那契数列中的第 10 个数的函数。

① 编写程序并在引入头文件后引入以下常量全局变量:

```
# include <iostream>
const int POSITION = 10;
const int ALREADY_COMPUTED = 3;
```

② 创建一个名为 print_tenth_fibonacci() 的函数,返回类型为 void:

```
void print_tenth_fibonacci()
```

③ 在函数中,创建 3 个 int 类型的局部变量,命名为 n_1、n_2 以及 current,如下所示:

```
int n_1 = 1;
int n_2 = 0;
int current = n_1 + n_2;
```

④ 创建一个 for 循环,生成余下的斐波那契数,使用之前定义的全局变量作为起始和结束标志:

```
for(int i = ALREADY_COMPUTED; i < POSITION; ++i){
```

```
    n_2 = n_1;
    n_1 = current;
    current = n_1 + n_2;
}
```

⑤ 在 for 循环之后，添加以下输出语句来输出 current 变量中存储的最后一个值：

```
std::cout << current << std::endl;
```

⑥ 在 main() 函数中，调用 print_tenth_fibonacci()，输出斐波那契数列中第 10 个元素的值：

```
int main() {
    std::cout << "Computing the 10th Fibonacci number" << std::endl;
    print_tenth_fibonacci();
}
```

该练习中的变量数据流如下：首先依次初始化 n_1、n_2、current 变量，然后依次销毁 current、n_2、n_1 变量。i 也是 for 循环创建的作用域中的一个自动变量，所以它在 for 循环作用域的末尾被销毁。对于 cond1 和 cond2 的每个组合，在以下程序中，确定变量何时进行初始化和销毁：

```
void foo() {
    if(cond1) {
        int a;
    }
    if (cond2) {
        int b;
    }
}
```

3.4　传递参数和返回值

我们提到调用函数时可以向函数提供一些数据。可以通过将实参传递给函数中的形参来实现此功能。

函数接收的形参是其签名的一部分，因此需要在声明中指定它们。函数可接收的参数列表连接在函数名称后，由括号包含。函数括号中的形参，以逗号分隔，由类型和标识符(可省略)组成。例如，使用两个整数函数的声明如下：

```
void two_ints(int, int);
```

如果想给这些参数分别命名为 a 和 b，则代码如下：

```
void two_ints(int a, int b);
```

在函数体内部,函数可访问函数签名中定义的标识符,就像访问已声明的变量一样。在调用函数时,函数参数的值已被确定。

若要调用使用参数的函数,则需要输入函数名,其后连接由一对括号包含的表达式列表:

```
two_ints(1,2);
```

此处调用带有两个参数 1 和 2 的 two_ints 函数。

调用函数时,输入的实参会将函数对应的形参初始化。在 two_ints 函数中,变量 a 等于 1,变量 b 等于 2。每次调用该函数时,程序都会从调用该函数的实参中初始化一组新的形参。

注意: 形参是由函数定义的变量,可用于根据代码提供数据;实参则是调用函数想要绑定到函数形参的值。

在以下示例中,同样使用两个值,但是可使用任意表达式作为参数:

```
two_ints(1 + 2, 2 + 3);
```

这意味着当调用"two_ints(1+2, 2+3);"时,编译器可能首先执行 1+2,然后执行 2+3,也可能先执行 2+3,然后执行 1+2。如果表达式没有改变程序中的任何状态,这通常不会引起程序的错误,但是它可能会产生难以检测的错误。例如,给定"int i=0;",若调用 two_ints(i++,i++),则不知道是使用 two_ints(0,1)还是 two_ints(1,0)来调用函数。

一般来说,最好在其他语句中声明改变程序状态的表达式,而用不修改程序状态的表达式调用函数。

函数参数可以为任何类型。正如我们所看到的,C++中的类型可以为值、引用或指针。这使得程序员在设计函数接收参数的方式时,可以根据自身需求选择不同的方式。

3.4.1　按值传递

当函数形参类型为数值类型时,称该函数按值接收实参或按值传递实参。当参数为数值类型时,每次调用该函数,编译器都会创建一个新的局部对象。

正如我们在自动变量中看到的,对象的生命周期将持续到函数作用域的末尾为止。当初始化参数时,编译器会从调用函数时提供的参数中生成一个新的副本。

练习:运用参数的按值传递计算年龄

编写一个 C++程序,该程序输入一个人的当前年龄,并会输出他 5 年后的年龄。为执行该程序,需要先编写函数,该函数接收一个人的年龄值,并计算出他在 5 年后的年龄,然后打印输出到屏幕上。

① 创建一个名为 byvalue_age_in_5_years 的函数,如下所示。确保调用代码时,不更改数值:

```
void byvalue_age_in_5_years(int age) {
    age += 5;
    std::cout << "Age in 5 years: " << age << std::endl;
    //输出 100
}
```

② 在 main()函数中,通过传递变量 age 作为数值,调用在前一步中创建的函数:

```
int main() {
    int age = 95;
    byvalue_age_in_5_years(age);
    std::cout << "Current age: " << age;
    //输出 95
}
```

注意:按值传递是接收参数的默认方式,即除非有特定的理由不使用按值传递,否则总是使用按值传递。这样做可以使调用代码和被调用函数之间的分隔更加严格:调用代码无法看到被调用函数对参数所做的更改。

因为在按值传递的过程中参数会产生副本,所以按值传递参数使得调用函数和被调用函数之间的界限更为清晰:

● 调用函数时,编译器将变量传递给函数,并且不会修改该变量。

● 即使人为地修改了所提供的参数,也不会对被调用的函数产生影响。

在函数外部对参数的更改不会产生影响,因而这使得我们更容易理解代码。在接收参数时,特别是在参数的内存较小的情况下(例如整数、字符、浮点数或小型结构体),按值传递可能更快。

需要牢记,按值传递将执行参数的复制。如果复制包含许多元素的容器,对于内存和处理时间而言,这可能花费很大的代价。在某些情况下,在 C++11 中添加的 move 语句,可以克服这个限制。接下来将学习按值传递具有不同属性集合的另一种方法。

3.4.2　按引用传递

当函数的形参类型为引用类型时,称该函数通过引用接收实参或通过引用传递实参。通过前面的学习,我们已经知道引用类型不会创建新对象——它只是一个新变量,或者引用已经存在的对象的名称。

当调用通过引用接收参数的函数时,编译器会将引用和参数中使用的对象绑定在一起:把参数引用到给定的对象。也就是说,该函数可以访问调用代码的对象并修改它。如果函数的目标是修改对象,那么使用按引用传递会带来极大的便利,但在这种情况下,我们可能更难理解调用函数和被调用函数之间的相互作用。

注意:除非函数必须修改变量,否则始终使用常量引用。我们将在后续章节中学习相应的内容。

练习:运用按引用传递计算年龄

编写一个 C++程序,该程序输入一个人年龄,如果该人在未来 5 年内年满 18 岁,则打印输出 Congratulations!。

编写一个通过引用接收参数的函数：

① 创建一个名为 byreference_age_in_5_years()、类型为 void 的函数,如下所示：

```
void byreference_age_in_5_years(int& age) {
    age += 5;
}
```

② 在 main()函数中,通过传递变量 age 作为引用,调用在上一步中创建的函数：

```
int main() {
    int age = 13;
    byreference_age_in_5_years(age);
    if (age >= 18) {
        std::cout << "Congratulations!" << std::endl;
    }
}
```

与按值传递相反,按引用传递的速度不会因被传递对象的内存大小而改变。

由于函数按值传递花费的时间和空间代价较大,因此在复制对象时,特别是当不能使用 C++11 中添加的 move 语句时,按引用传递通常成为首选的方法。

注意：如果希望使用按引用传递,但不希望修改所提供的对象,则务必使用常量。

在 C++中,执行程序时,可使用 std::cin 读取来自控制台的输入。当输入"std::cin >> variable;"时,程序会停止,等待用户继续输入;如果输入变量是有效的,那么编译器就用从输入中读取的数值填充变量。默认情况下,编译器可以给所有内置数据类型和标准库中定义的一些类型赋值,如 string。

任务 3：核查投票资格

创建一个程序,当用户输入他们的当前年龄后,该程序会在控制台屏幕上打印输出一条消息："Congratulations! You are eligible to vote in your country"或"No worries, just <value> more years to go. "

① 创建一个名为 byreference_age_in_5_years(int& age)的函数并添加代码"#include <iostream>"：

```
void byreference_age_in_5_years(int& age) {
if (age >= 18) {
    std::cout << "Congratulations! You are eligible to vote for your nation." << std::endl;
    return;
```

② 在 else 块中,添加代码来计算他们距离可以投票年龄的时间：

```
} else{
    int reqAge = 18;
}
}
```

③ 在 main()函数中,添加输入流,如下所示,用于接收来自用户的输入。在上一步创建的函数中,按引用传递该值:

```
int main() {
    int age;
    std::cout << "Please enter your age:";
    std::cin >> age;
}
```

3.5　常量引用和 r-值引用

临时对象不能作为按引用传递的参数。要接收临时参数,我们需要使用常量引用或 r-值引用。r-值引用是由 && 标识的引用,并且只能引用临时值。需要记住,指针的值表示对象在内存中的存储地址。

指针是一个数值,这意味着当我们接收一个参数作为指针时,指针本身就是按值传递。这意味着函数中指针的修改对调用函数来说是不可见的。但是,如果修改指针指向的对象,将修改原始对象:

```
void modify_pointer(int * pointer) {
    * pointer = 1;
    pointer = 0;
}
int main() {
    int a = 0;
    int * ptr = &a;
    modify_pointer(ptr);
    std::cout << "Value: " << * ptr << std::endl;
    std::cout << "Did the pointer change?" << std::boolalpha <<　(ptr == &a);
}
```

大多数时候,我们可以将传递指针看作传递引用,但需注意,指针可能为空。使用指针接收参数主要有以下三个原因:

● 通过提供开始指针、结束指针或数组大小,遍历数组中的元素。
● 选择性地修改数值。也就是说,如果提供了某个值,则函数将修改该值。
● 不仅仅返回一个单纯的数值:通常情况下是将指针对应的数值作为参数传递给函数,并让函数返回一个错误指示值,以显示函数内的操作是否已正常进行。

我们将在第 5 章"泛型编程和模板"中看到,如何在 C++11 和 C++17 中引入特性来避免使用指针,从而避免出现常见类型错误,如避免无效指针,或避免访问未分配的内存。按值传递或按引用传递均适用于函数的每一个参数。也就是说,函数可按值接收参数,也可按引用接收参数。

3.5.1　函数返回值

到目前为止,已经学习了如何向函数提供数值。在本小节中,将学习函数如何向调用的函数提供数值。我们在前文中学习过函数声明的第一部分是函数返回的类型,通常称为函数的返回类型。

在前面的示例中使用了 void,用于表示没有返回任何内容。接下来,将看到具有返回值的函数示例:

```
int sum(int, int);
```

上述函数按值接收两个整数作为参数,并返回一个整数。在调用函数代码中,函数的调用为整数求值的表达式。也就是说,可以在任何允许使用该表达式的地方使用该函数:

```
int a = sum(1, 2);
```

函数可使用 return 关键字返回一个值,后续连接该函数希望返回的值。函数可在函数体内多次使用 return 关键字,每次执行到 return 关键字时,程序将停止执行函数,并返回到调用函数。如果有函数返回值,则将返回值返回到调用函数。请看以下代码:

```
void rideRollercoasterWithChecks(int heightInCm) {
    if (heightInCm < 100) {
        std::cout << "Too short";
        return;
    }
    if (heightInCm > 210) {
        std::cout << "Too tall";
        return;
    }
    rideRollercoaster();
    //在函数末尾缺省 return
}
```

如果函数执行到函数体的末端,则该函数也返回到调用函数。

上述示例正是如此,因为没有使用 return 关键字。如果函数的返回类型为 void,则可以没有明确的返回。但是,如果期望函数返回值,则可能会导致错误:返回的类型将有一个未指定的值,程序也将出现错误。一定要启用编译器警告,因为这会节省大量的调试时间。

请看以下返回整数的函数示例:

```
int sum(int a, int b) {
    return a + b;
}
```

如前所述,函数可在函数体中多次使用 return 语句,如下所示:

```
int max(int a, int b) {
    if(a > b) {
    return a;
    } else {
        return b;
    }
}
```

该函数总会返回一个值,该返回值并不依赖于参数值。

注意:在算法中,最好的做法是尽早返回。这样做的原因是,当遵循代码逻辑时,尤其在有许多条件的情况下,return 语句会告知执行路径何时结束,从而允许忽略函数其余部分的操作。如果只在函数末尾返回,则通常必须查看函数的完整代码。

3.5.2 按值返回

返回类型为数值类型的函数称为按值返回。当按值返回的函数到达 return 语句时,程序会创建一个新对象,由返回语句中的表达式值初始化该对象。

在上述的 sum 函数中,当代码执行到达返回 a+b 的阶段时,程序将创建一个新整数,其值等于 a 和 b 之和,并返回。

对于调用函数而言,"int a=sum(1,2);",程序会创建一个新的临时自动对象,并用函数返回的值(由 a 和 b 之和创建的整数)初始化该自动对象。此对象称为"临时对象",因为其生命周期只有在创建对象的完整表达式执行时才有效。然后,调用代码可以在另一个表达式中使用返回的临时值或将其赋给其他变量。在完整表达式的末尾,由于临时对象的生命周期已经结束,因此该临时对象会被销毁。

在本章中曾提到,在返回值时对象会被多次初始化。这并不是性能问题,而是因为 C++允许编译器优化所有初始化,并且通常只进行一次初始化。

注意:按值返回更为可取,因为通常按值返回更容易理解且更容易使用,并且与按引用返回相比其运行速度一样快。为什么运行按值返回的速度会这么快?C++11 引入了 move 语句,其允许移动而非复制返回类型。我们将在第 4 章"类"中看到 move 语句的用途。甚至在 C++11 之前,所有主流编译器都实现了返回值优化(RVO)和命名返回值优化(NRVO),使得编译器可以在变量中直接构造函数返回值,当函数返回时数值已被复制到变量中。在 C++17 中,这种优化也称为复制消除,是编程的必需功能。

3.5.3 按引用返回

返回类型为引用的函数称为按引用返回。按引用返回的函数到达 return 语句时,程序会从 return 语句使用的表达式中初始化一个新的引用。在调用函数中,程序会用返回的引用替换函数调用的表达式。但是,在这种情况下,我们还需要知道所引用对象的生命周期。例如：

```
const int& max(const int& a, const int& b) {
    if (a > b) {
        return a;
    } else {
        return b;
    }
}
```

首先，需要注意该函数已经发出一个警告。max 函数按值返回，当 a 和 b 相等时，返回 a 或 b 看似并没有什么区别。

然而，在这个函数中，当 a==b 时，函数会返回 b。因此，在调用该函数的代码时，需要知道这个区别。在函数返回非常量引用的情况下，函数可能会修改返回的引用所引用的对象，因此返回的是 a 还是 b，可能会产生一定的区别。请看以下所使用的函数：

```
int main() {
    const int& a = max(1,2);
    std::cout << a;
}
```

这个程序有一个错误。原因是 1 和 2 是临时值，正如前文所说，临时值只有在包含该临时值的完整表达式末端之前才有效。请看上述代码块中的代码：

```
int& a = max(1,2);
```

在这段代码中有 4 个表达式：

① 1 是整数，视为表达式；

② 2 是整数，与 1 相同；

③ max(expression1, expression2)是函数调用表达式；

④ a=expression3 是赋值表达式。

所有这些表达式都发生在变量 a 的声明语句中。其中，第③个表达式涉及函数调用表达式，而第④个表达式中包含完整表达式的内容。这意味着在赋值结束时，1 和 2 的生命周期就会结束，但我们会得到对其中一个数值的引用，并且正在使用该引用。C++禁止访问生命周期终止的对象，这将导致程序无效。

在更为复杂的示例中，如"int a=max(1,2) + max(3,4);"，max 函数返回的临时对象在赋值结束前有效，但一旦赋值结束，临时对象就会被销毁。在该语句中，我们使用两个引用并对它们使用 sum 函数，然后将结果赋值。相反，如果我们将结果赋值给一个引用，如"int& a=max(1,2) + max(3,4);"，程序就会出错。

这可能令初学者难以理解，但是理解这一点对于编写正确的程序十分重要，因为如果在已创建的完整表达式执行完成后，使用临时对象，可能会导致程序出现难以调试的问题。请看按引用返回的函数容易出现的另一个错误：

```cpp
int& sum(int a, int b) {
    int c = a + b;
    return c;
}
```

在函数体中我们创建了一个局部自动对象,然后返回对该自动对象的引用。在上一小节中,我们看到本地对象的生命周期在函数结束时结束。这意味着我们正在返回一个生命周期已经结束的对象的引用。在前文中,提到过按引用传递参数和按指针传递参数之间的相似性。这种相似性在返回指针时仍然存在:当指针在后续被解除引用时,指针指向的对象必须有效。到目前为止,我们已经学习了按引用返回时的错误示例。那么,应该如何正确使用按引用返回?

正确使用按引用返回的重要条件是,确保对象比引用的有效时间更长:对象必须始终有效——至少在存在对该对象的引用时保持有效。常见的方法是访问对象的一部分,例如使用"std::array"。与内置数组相比,这是一个更为安全的方法:

```cpp
int& getMaxIndex(std::array <int, 3> & array, int index1, int index2) {
    /* 该函数要求 index1 和 index2 必须小于 3! */
    int maxIndex = max(index1, index2);    return array[maxIndex];
```

调用代码如下所示:

```cpp
int main() {
    std::array <int, 3> array = {1,2,3};
    int& elem = getMaxIndex(array, 0, 2);
    elem = 0;    std::cout << array[2];
    //输出 0
}
```

在本示例中,函数返回对数组内元素的引用,而数组的有效时间比引用的有效时间更长。正确使用按引用返回的方法指南如下:

● 不要返回对局部变量(或局部变量的一部分)的引用;

● 不要返回对按值接收的参数的引用(或按值接收的参数的一部分)。

当返回作为参数被接收的引用时,传递给函数的参数必须比返回的引用有效时间更长。即使程序返回对对象的一部分(例如数组元素)的引用,也需遵循上述规则。

任务 4:按引用传递和按值传递在函数中的应用

在该任务中,在编写函数时,需根据函数接收的参数进行不同的权衡:

① 编写一个函数,接收两个数值并返回这两个数值之和。程序应该按值还是按引用接收参数? 应该按值返回还是按引用返回?

② 编写一个函数,使它接收两个各包含 10 个整数的"std::arrays"和一个序号(保证小于 10),并返回这两个数组中对应该序号的两个元素中的较大者。

③ 调用函数修改元素。程序应该按值还是按引用接收参数? 应该按值返回还是

按引用返回？如果值相同,则会发生什么？

因为使用调用函数来修改元素,所以使用引用获取数组并按引用返回。因为没有理由按引用接收序号,所有按值接收序号。如果值相同,则返回第一个数组中的元素。

3.6 常量参数和默认参数

在前面的章节中,我们了解了如何以及何时在函数参数和返回类型中使用引用。C++有一个增加的限定符——常量限定符,我们可单独使用常量限定符,而不依赖类型的引用性(无论类型是否为引用)。接下来,我们将学习在查看函数如何接收参数时,如何在各种场景中使用常量。

3.6.1 按常量值传递

在按值传递中,函数的形参是数值类型:当调用时,编译器把实参复制到形参中。这意味着,无论是否在参数中使用 const,调用代码都不会产生差异。在函数签名中使用常量的唯一原因,是为了向编译器说明不能修改该值。这种用法通常并不常见,因为函数签名的最大价值是让调用函数理解调用函数时需遵守的约定。因此,即使函数不修改参数,我们也很少看到"int max(const int, const int)"。

但是有一个例外:当函数接收指针时。在这种情况下,函数希望确保没有给指针赋新值。在这里,因为不能把指针绑定到新对象,所以指针的作用类似于引用,但指针提供了为空性。例如 setValue(int * const),该函数接收指向 int 的常量指针。整数并不是常量,因此可以更改该整数;但指针是常量,因此执行期间不能更改指针。

3.6.2 按常量引用传递

常量在按引用传递中极其重要,只要在函数参数中使用引用,都应该向其添加const(如果函数不是设计用来修改它的)。这样做是为了允许引用自由地修改所提供的对象。这种行为很容易导致程序出错,因为函数可能会修改调用者不希望修改的对象,因为调用函数和函数之间并没有明确的边界,同样,函数也可以修改调用函数的状态。

然而,常量解决了这个问题,因为函数不能通过常量引用修改对象。这允许函数使用引用参数,而并不存在使用引用的一些缺点。只有在函数打算修改所提供的对象时,才应从引用中删除 const,否则每个引用都应该是常量。常量引用参数的另一个优点是可以将临时对象用作它们的参数。

3.6.3 按常量值返回

因为调用代码通常将数值分配给一个变量,所以并没有理由返回常量值。在这种情况下,变量的常量性将是决定性因素。调用代码也会将值传递给下一个表达式,但一个表达式期待一个常量值也是很罕见的情况。按常量值返回也抑制了 C++ 11 的 move 语句,从而降低了性能。

3.6.4 按常量引用返回

当返回的引用只能被读取而不能被调用代码修改时,函数应该按常量引用返回。当返回对象的引用时,关于对象生命周期的概念也适用于常量:

- 当返回作为参数接收的引用时,如果参数是常量引用,则返回的引用也必须是常量;
- 当返回对接收为常量引用参数的对象的一部分的引用时,返回的引用也必须是常量。

如果调用函数不希望修改作为引用接收的参数,那么该参数应该按常量引用返回。有时,编译会失败,这说明代码试图修改作为常量引用的对象。除非函数用于修改对象,否则解决方案并不是从参数的引用中删除 const。相反,需要查明执行的操作不能使用常量的原因,以及可能的替代方案。常量与编译的实现无关,而与函数的含义有关。

在编写函数签名时,应该慎重决定是否使用常量,因为编译器会尽可能地服从该指令。例如:

```
void setTheThirdItem(std::array <int, 10> & array, int item)
```

该函数显然应该引用数组,因为其目的是修改数组。此外,也可以使用以下方法:

```
int findFirstGreaterThan(const std::array <int, 10> & array, int threshold)
```

该函数只查看数组——函数并没有改变它,因此应该使用常量。

注意:尽可能多地使用常量是一个良好的编程习惯,因为它允许编译器确保不会修改不期望修改的对象。这有助于避免错误。牢记另一个良好的编程习惯也十分重要:永远不要使用相同的变量来表示不同的概念。由于变量不能更改,因此创建一个新的变量比重新使用原变量是一个更为自然的选择。

3.7 默认参数

C++提供的另一个特性是默认参数,它使调用者在调用函数时更加轻松。默认参数用于添加到函数声明中。语法是添加一个等号(=),并在函数的参数标识符之后提供默认参数的值。例如:

```
int multiply(int multiplied, int multiplier = 1);
```

调用函数可以使用1或2个参数调用 multiply(乘法)函数:

```
multiply(10); // 返回 10
```

```
multiply(10, 2); // 返回 20
```

当省略具有默认值的参数时,函数将使用默认值。如果函数具有合理的缺省值,并且调用者通常不希望修改这些函数(除非在特定的情况下),那么使用默认参数是非常方便的选择。假设一个函数返回字符串的第一个单词:

```
char const * firstWord(char const * string, char separator = ' ')
```

大多数时候,单词之间用空格分隔,但是函数可以决定是否使用不同的分隔符。函数具有可以使用不同分隔符的可能性,但这并没有迫使调用者指定分隔符,有时调用者只想使用空格。最好的编程习惯是在函数签名声明中设置默认参数,而不是在定义中声明它们。

3.8　命名空间

函数的目标之一是更好地组织代码。为此,给函数起一个有意义的名称是十分重要的。例如,在包管理软件中,可能有一个名为 sort 的函数来对包进行排序。正如我们所见,其名称与该函数排序数字列表的功能相同。

C++有一个特性允许我们避免这类问题并将名称组合在一起:命名空间。命名空间包含一定范围,其内部声明的所有名称都是命名空间的一部分。创建命名空间时,使用 namespace 关键字,后续跟随标识符,并连接代码块:

```
namespace example_namespace {
    //此处为代码
}
```

为了访问命名空间内的标识符,在函数的名称前标识命名空间的名称。命名空间也可以嵌套。在命名空间中使用与上文相同的声明:

```
namespace parent {
    namespace child {
        //此处为代码
    }
}
```

访问命名空间内的标识符时,需要在标识符的名称前加上声明它的命名空间的名称,后续跟随“::”。

读者可能已经注意到此要点,因为在前文中曾使用过“std::cout”。这是因为 C++标准库定义了名为“std”的命名空间,而正在访问其中名为 cout 的变量。访问多个命名空间中的标识符时,可以在前面加上由“::”分隔的所有命名空间列表——parent::child::some_identifier。还可以通过在名称前面加上“::”来访问全局作用域中的名称——::name_in_global_scope。

如果只使用 cout，编译器会告诉我们该名称在当前的作用域中并不存在。这是因为编译器在默认情况下只在当前命名空间和父类命名空间中搜索标识符，所以除非我们指定 std 命名空间，否则编译器并不会在其中搜索。

C++中的 using 声明使得这一点更加符合人体工程学。using 声明由 using 关键字定义，后续跟随命名空间指定的标识符。例如，"using std::cout;"是一个 using 声明，声明要使用 cout。当想使用一个命名空间中的所有声明时，可以编写"using namespace_name;"。例如，如果希望使用 std 命名空间中定义的所有名称，将编写"using namespace std;"。当在 using 声明中声明名称时，编译器在查找标识符时也会查找该名称。这意味着，在代码中，可以使用 cout，并且编译器会找到 std::cout。只要我们在 using 声明的范围内，using 声明就是有效的。

注意：为了更好地组织代码并避免命名冲突，应尽可能将代码放在特定的应用程序或库的命名空间中。命名空间还可以用来指定某些代码仅由当前代码使用。

假设有一个名为 a.cpp 的文件，它包含"int default_name=0;"和另一个名为"b.p"的文件，其中"b.p"文件包含"int default_name=1;"。当编译这两个文件并将它们连接在一起时，会得到一个无效的程序：同一个变量用两个不同的值声明，这违反了单定义规则（ODR）。但从未想过它们是同一个变量。对于编程者而言，它们只是编程者想在".cpp"文件中使用的一些变量。为了告知编译器这一点，可以使用匿名命名空间：没有标识符的命名空间。其中创建的所有标识符都是当前翻译单元（通常是".cpp"文件）私有的标识符。那么，如何访问匿名命名空间中的标识符呢？我们可以直接访问标识符，而不需要使用不存在的命名空间名称或 using 声明。

任务 5：在命名空间中组织函数

编写一个函数，在基于数字输入的命名空间中读取用于彩票的汽车名称。如果用户输入 1，则赢得一辆兰博基尼；如果用户输入 2，则赢得一辆保时捷：

① 将第一个命名空间定义为 LamborghiniCar，并使用 output() 函数输出"Congratulations! You deserve the Lamborghini."。

② 将第二个命名空间定义为 PorscheCar，并使用 output() 函数输出"Congratulations! You deserve the Porsche."。

③ 编写一个 main() 函数将输入的数字 1 或 2 读取到名为 magicNumber 的变量中。

④ 创建一个 if-else 循环，如果输入为 1，则使用 LamborghiniCar::output() 调用第一个命名空间。否则，当输入为 2 时，类似地调用第二个命名空间。

⑤ 如果这两个条件都不满足，我们将打印一条消息，要求输入数值 1 或 2。

3.9　函数重载

我们已经学习了 C++如何允许编写一个函数，该函数使用常量按值或引用接收参数,并在命名空间中组织它们。

　　C++还有一个十分强大的特性,允许我们给在不同数据类型上执行相同概念操作的函数命名:函数重载。函数重载是声明几个具有相同名称函数的能力,也就是说,这些函数接收的参数集不同。一个示例就是乘法函数。我们可以想象该函数被定义为整数和浮点数,甚至是向量和矩阵。

　　如果函数表示的概念是相同的,那么可以提供几个接收不同类型参数的函数。当调用一个函数时,编译器会查看具有该名称的所有函数,即重载集,并选择与所提供的参数最匹配的函数。

　　关于如何选择函数的精确规则是十分复杂的,但是行为通常是直观的:编译器在函数的参数和预期参数之间寻找更好的匹配。如果有两个函数 int increment(int) 和 float increment(float),并且使用 increment(1) 来调用它们,那么编译器将选择整型重载,因为整型比浮点型更适合整数,即便整型可以转换为浮点型。例如:

```
bool isSafeHeightForRollercoaster(int heightInCm) {
    return heightInCm > 100 && heightInCm < 210;
}
bool isSafeHeightForRollercoaster(float heightInM) {
    return heightInM > 1.0f && heightInM < 2.1f;
}
//调用整型重载 isSafeHeightForRollercoaster(187);
//调用浮点型重载 isSafeHeightForRollercoaster(1.67f);
```

　　由于有了这个特性,我们调用代码时不需要担心编译器将选择哪个函数的重载,并且由于使用相同的函数来表达相同的含义,代码的表达性也会有所增强。

　　任务 6:为 3D 游戏编写数学库

　　制作的电子游戏建立一个数学库。这将是一个 3D 游戏,因此需要在拥有三维坐标的点上进行操作:x、y 和 z。点表示为 std::array <float, 3>。该库将在整个游戏中使用,所以约翰尼需要确保它可以被多次调用(通过创建一个头文件,并在头文件中声明函数)。该库需要支持以下操作:

　　① 计算两个浮点数、两个整数或两个点之间的距离。

　　② 如果只提供两个点中的一个,则假设另一个点是原点(位于位置(0,0,0)的点)。

　　③ 此外,约翰尼经常需要根据一个圆的半径计算其周长(定义为 2 * pi * r),用于了解敌人可以看到的距离。pi 在程序运行期间是常量(可以在". cpp"文件中全局声明)。

　　④ 当敌人移动时,程序会访问几个点。约翰尼需要计算沿着这些点移动的总距离。

　　⑤ 为了操作简便,我们限制点的个数为 10,但约翰尼可能需要 100。函数使用 std::array <std::array <float, 3>, 10>,并且计算连续点之间的距离。

　　例如以下包含 5 个点的列表:数组{{0,0,0},{1 0 0},{1 1 0},{0 1 0},{0 1 1}},其

总距离是 5,因为从{0,0,0}到{1,0,0}的距离为 1,然后从{1,0,0}到{1 1 0}的距离也为 1,余下的 3 个点以此类推。

我们需要确保将功能组合在一起。记住两点间距离的计算方法是:

$$\sqrt{(x2 - x1)\hat{}2 + (y2 - y1)\hat{}2 + (z2 - z1)\hat{}2}$$

C++为幂函数提供了 std::pow 函数,该函数接收底数和指数。C++也提供了 std::sqrt 函数,该函数接收数字的平方。两者都在 cmath 头文件中。

3.10 总　结

在本章中,我们学习了 C++为实现函数提供的强大功能。首先讨论了函数的优点和作用,以及如何声明和定义函数;分析了接收参数和返回值的不同方式,以及如何使用局部变量。然后探讨了如何使用常量和默认参数来提高调用函数的安全性和方便性。最后学习了如何在命名空间中组织函数,以及 C++为实现相同概念的不同函数提供相同名称的能力——这使得调用代码不必考虑调用哪个版本的函数。

在第 4 章中,我们将学习如何创建类,以及如何在 C++中使用类来轻松安全地构建复杂的程序。

第 4 章　类

4.1　引　言

在第 3 章中,学习了如何使用函数将多个基本操作语句融合成一个个具有明确意义的单位。另外,在第 1 章中,也学习了在 C++中如何存储基本类型的数据,如 int 类型、char 类型和 float 类型等。

在本章中,将要学习如何定义和声明类,以及如何访问一个类所包含的成员函数。还将探究什么是成员函数和友元函数,以及在程序中如何使用它们。随后,将学习构造函数和析构函数的工作原理。最后,会学习仿函数的概念和使用方法。

4.2　类的定义和声明

类是一种将多项数据和操作语句融合起来,进而创造出新的数据类型来表示一些复杂概念的方式。

基本类型的数据可以组成意义更为明确的抽象组合。例如,方位数据是由经、纬度坐标(均由 float 类型数据表示)组成的。在这种表示方式下,当需要程序对一个方位数据进行操作时,就需要以独立变量的形式分别提供经度和纬度坐标。这是相当容易出错的,因为常常会漏掉其中一个,或者把两者顺序弄颠倒。

同时,计算两个坐标点之间的距离也是一件较为复杂的事,为了计算多个距离而一遍遍地重复编写相同的代码是我们非常不愿意看到的。而当操作对象更加复杂时,任务也就会变得更加难以完成。

让我们再次回到经纬度坐标的示例上来,除了对两个独立的 float 类型数据进行操作之外,还可以自定义一个类型,它不仅可以存储完整的方位数据,而且可以提供与方位相关的必要操作。

4.2.1　使用类的优点

类具有许多优点,例如可以实现程序抽象化、信息隐藏和代码封装。接下来,将依次深入探讨。

1. 抽象化

通过使用类，能表示出更高级的概念。在上述的 GPS 坐标一例中可以看到，如果不使用类，就需要使用两个独立的 float 类型的变量，但是这种方式并不能真正表示出我们想要使用的概念。此时，编程者就必须记住这两个变量的意义不同，而且要一起使用。而类使得我们能够直接定义一个同时包含这些数据和与之相关的必要操作的概念，并且给这个概念命名。

在上述示例中，我们就可以创造一个类来表示 GPS 坐标。该类包含两个 float 类型变量，分别用于表示经度和纬度。

同时，该类中包含的操作可以是：计算坐标点之间的距离、判断一个坐标点是否在某个国家内等。这样，编程者就只需要对类进行操作，而不再需要直接处理两个 float 类型变量。

2. 信息隐藏

向使用者展示一个类所具有的功能，而将实现这些功能的有关细节隐去。

这种处理方法降低了使用类的复杂程度，同时对类的实现代码的更新也更容易进行，如图 4.1 所示。

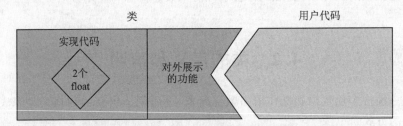

图 4.1 用户的代码直接使用的是类对其开放的功能

之前是使用经度和纬度来表示 GPS 坐标点。或许不久之后，就会想改用到北极的距离来表示坐标点。而正是信息隐藏的这一特性，让我们能够在修改类的实现代码的同时，不对用户造成影响，因为这个类所提供的功能本身并没有改变，如图 4.2 所示。

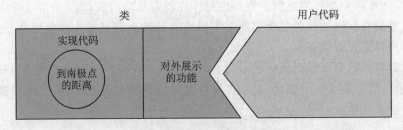

图 4.2 类的实现代码改变了

类中向用户开放的功能通常被称作公共接口。

注意：修改类的实现代码往往比修改其接口更加方便——后者需要所有用户都做出相应的改变以适配新的接口。因而，要编写一个易于使用和维护的类，首先要设计好它的公共接口。

下面我们来探讨 C++中类的结构以及与之相关的信息。以下是类的基本结构：

```
class ClassName {
    //类的主体
};
```

注意：在右花括号后漏写分号是相当常见的错误。请养成检查的习惯。

4.2.2　C++数据和访问说明符

在一个类的主体中,可以定义以下成员：

- 数据成员：存在于类中的变量。数据成员看起来像变量声明,但不同的是,它们在类的主体中。数据成员也称为字段。
- 成员函数：可以访问类中变量的函数。成员函数看起来像函数声明,但不同的是,它们在类的主体中。成员函数也称为方法。

正如前面提到的,类通过拒绝用户对信息的访问来实现信息隐藏。 程序员可以使用访问说明符来指定类的哪些部分可供用户访问。

C++中有以下 3 种访问说明符：

- 私有：声明为私有的成员只能由类内的函数访问,而不允许在类外直接访问。
- 受保护：声明为受保护的成员只能由类和其派生类内的函数访问。将在这本书的最后一章中对该内容进行详细的讲解。
- 公共：声明为公共的成员可以从程序中的任何地方访问。

访问说明符后跟随冒号来划分类中的一个区域,该区域中定义的任何成员都对应它前面的访问说明符。语法格式如下：

```
class ClassName {
    private:
        int privateDataMember;
        int privateMemberFunction();
    protected:
        float protectedDataMember;
        float protectedMemberFunction();
    public:
        double publicDataMember;
        double publicMemberFunction();
};
```

注意：默认情况下,类成员具有私有类型的访问说明符。

在 C++中,也可以使用 struct 关键字来定义一个类。用这种方式定义出的结构体与类等价,唯一的例外是,默认情况下,结构体成员的访问说明符是公共的,而类成员的则是私有的。表 4.1 给出的两排代码片段是等价的。

表 4.1 类和结构体代码片段的区别

struct Name {
//主体代码
};
	class Name {
	public:
	//主体代码
	};

struct Name {
private:
//主体代码
};
	class Name {
	//主体代码
	};

是使用结构体还是类取决于具体的应用背景：通常，当希望可以从代码中的任何位置访问集合中的数据成员时，使用结构体；而当在构建一个更为复杂的概念时，使用类。

前面已经学习了如何定义类，下面来学习在程序中如何使用它。类就像是蓝图，定义了对象的基本结构。而也正像蓝图一样，可以从同一个类中创建多个对象。这些对象称为实例。我们可以像创建任何基本类型一样创建实例：首先定义变量的类型，然后给出变量的名称。例如：

```
sclass Coordinates {
    public:
        float latitude;
        float longitude;

        float distance(const Coordinates& other_coordinate);
};
```

该示例展示了类可以包含多个实例的特性：

```
Coordinates newYorkPosition;
Coordinates tokyoPosition;
```

这里，我们看到了 Coordinates 类的两个实例，每一个都包含了经度和纬度两个数据成员，并且它们的值的变化都是相互独立的。获得实例后，就可以访问它的成员了。

当声明类时，同时创建了一个新的作用域，称为类作用域。在类作用域内定义的名称只能在同一个类作用域内访问。如果要从类或结构体之外的作用域访问其成员，则可以使用点操作符(.)。

在上述示例中，就可以通过以下代码访问纽约的纬度数据：

```
float newYorkLatitude = newYorkPosition.latitude;
```

而如果想调用成员函数，则可以这样做：

```
float distance = newYorkPosition.distance(tokyoPosition);
```

另一方面,当编写类的方法的函数体时,需要注意,此时我们在类的作用域内。这意味着当我们需要访问类中的其他成员时,可以直接使用它们的名称,而不必使用点操作符。此时,将访问当前实例的对应成员。

假设上述示例中 distance 方法的实现代码如下:

```
float Coordinates::distance(const Coordinates& other_coordinate){
    return pythagorean_distance(latitude, longitude, other_coodinate.latitude, other_
    coordinate.longitude);
}
```

当调用"newYorkPosition.distance(tokyoPosition);"时,其中的 distance 方法是在 newYorkPosition 实例中被调用的。这意味着在该方法中的 latitude 和 longitude 分别代表 newYorkPosition.latitude 和 newYorkPosition.longitude,而 other_coordinate.latitude 则代表 tokyoPosition.latitude。

相反,如果调用的是"tokyoPosition.distance(newYorkPosition);",那么此时所调用的方法位于 tokyoPosition 实例中,此时 latitude 和 longitude 分别代表的是 tokyoPosition 实例中的对应成员,而 other_coordinate 则代表 newYorkPosition。

4.2.3 静态成员

在上一小节中,我们了解到类定义了组成对象的字段和方法。它就像一个蓝图,指定对象的结构,但实际上并没有构建对象。实例是根据类定义的蓝图所构建的对象。实例包含数据,因此可以对实例进行操作。

想象一下汽车的蓝图。它定义了汽车的发动机,汽车有四个轮子。蓝图就是汽车的"类",但它不能发动,也不能驾驶。而按照蓝图建造的汽车就相当于类的一个实例。建成的这辆汽车也有四个轮子和一台发动机,可供我们驾驶。同样地,类的实例包含类所指定的字段。

这意味着每个字段的值都与类的特定的实例相联系,并且其变化独立于所有其他实例的字段。同时,这也意味着没有与之关联的实例,字段就不能存在,因为此时不会有任何对象能够提供存储空间来存储该字段的数值!

然而,有时我们希望所有实例能共享一个相同的值。在这些情况下,可以通过创建静态字段来将字段与类而不是某一实例相关联。请看以下语法格式:

```
class ClassName {
    static Type memberName;
};
```

此时,将有一个唯一的 memberName 字段被所有实例共享。如同 C++ 中的任何变量一样,该 memberName 字段也需要被存储在内存中,并且不能使用实例的内存空间,因为 memberName 字段不与任一实例相关联。memberName 字段的存储方式与全局变量的存储方式相似。

而在定义静态变量的类之外,也就是在".cpp"文件中,可以定义该静态变量的值。初始化的语法格式如下:

```
Type ClassName::memberName = value;
```

注意:不要重复 static 关键字。在".cpp"文件中完成静态变量的值的定义十分重要。如果在头文件中完成定义,该定义将包含在头文件下的所有位置,这将造成重复定义,连接器会发出警告。

正如全局变量一样,类的静态变量的生命周期会持续至整个程序结束为止。请看以下示例,该示例在头文件中对类的静态字段进行定义,并在".cpp"文件中为该字段分配数值:

```
//在".h"文件中
class Coordinates {
    //数据成员
    float latitude_ = 0;
    //数据成员    float longitude_ = 0;
public:
    //静态数据成员声明
    static const Coordinates hearthCenter;
    //成员函数声明
    float distanceFrom(Coordinates other);
    //成员函数声明
    float distanceFromCenter() {
        return distanceFrom(hearthCenter);
    }
};
//在.cpp 文件中
//静态数据成员定义
const Coordinates Coordinates::hearthCenter = Coordinates(0, 0);
```

我们已经学过在访问实例的成员时使用点操作符。但在访问静态成员时,可能找不到实例来使用点操作符。C++通过范围解析运算符让我们能够访问类的静态成员,该运算符为双冒号(::),并应跟随在类的名称之后。

注意:在声明静态字段时,尽量使用常量。因为所有的实例都可以访问其所属类的静态字段;如果这些实例是可变的,那么就很难追踪哪些实例正在修改这些字段的值。在多线程的程序中,由于不同线程同时修改静态字段而产生错误是十分常见的。

请看以下练习,理解静态变量的工作原理。

练习:使用静态变量

我们来编写一个程序,打印出整数 1~10 的平方。

① 引入需要的头文件。

② 编写 squares()函数和以下算法:

```
void squares()
{
    static int count = 1;
    int x = count * count;
    x = count * count;
    std::cout << count << " * " << count;
    std::cout << ": " << x << std::endl;
    count ++ ;
}
```

③ 在 main() 函数中, 加入以下代码:

```
int main()
{
    for (int i = 1; i < 11; i ++ )
        squares();
    return 0;
}
```

输出如下:

```
1 * 1: 1
2 * 2: 4
3 * 3: 9
4 * 4: 16
5 * 5: 25
6 * 6: 36
7 * 7: 49
8 * 8: 64
9 * 9: 81
10 * 10: 100
```

除静态字段外, 类也能包含静态方法。静态方法是和类直接关联的, 因而它的调用可以不依赖于实例。但由于类的一般字段和成员与实例相关联, 而静态方法不是, 所以静态方法不能调用它们。可以使用范围解析运算符来调用静态方法, 格式如下:

```
ClassName::staticMethodName();
```

注意: 静态方法只能调用从属于同一个类的其他静态方法和静态字段。

4.3   成员函数

成员函数是用于操作类中的数据成员的函数, 该函数定义了类中对象的特性和行为。声明成员函数的本质其实就是声明类体内的函数。请看以下语法格式:

```
class Car {
    public:
    void turnOn() {}
};
```

正如类的数据成员一样,成员函数也可以使用点操作符(.)来访问对象:

```
Car car;
car.turnOn();
```

4.3.1　声明成员函数

正如数据成员一样,成员函数也必须在类中进行声明。而成员函数的实现代码则可以任意放置在类体内部或外部。以下给出了在类的作用域之外定义成员函数的示例。该定义通过使用范围解析运算符(::)来表明函数是类的成员。在类体内声明该函数时,可以直接使用其原型:

```
class Car
{
    public:
    void turnOn();
};
void Car::turnOn() {}
```

4.3.2　常量成员函数

类的成员函数可以被限定为常量,这意味着函数限制其访问为只读。此外,当成员函数访问常量数据成员时,函数本身也需要被限定为常量。因此,常量成员函数不允许修改对象的状态或调用其他可修改对象状态的函数。

要限定成员函数为常量类型,需要在函数声明中使用 const 关键字,使用位置是在函数名后、函数体前:

```
const std::string& getColor() const
{
    //函数主体
}
```

除了在第 3 章中学习的重载原则以外,成员函数的常量性也是可以重载的,也就是说两个函数可以拥有完全相同的签名,只要其中一个是常量而另一个不是即可。当待访问对象被声明为常量时,编译器会调用前者,否则就会调用后者。请看以下代码:

```
class Car
{
    std::string& getColor() {}
    const std::string& getColor() const {}
```

```
};
Car car;
//调用 std::string& getColor()
car.getColor(); const Car constCar;
//调用 const Color& getColor() const
constCar.getColor();
```

注意：区分清楚常量函数和返回常量类型的函数是十分重要的。虽然两者都使用了 const 关键字，但在函数原型中的使用位置不同。两类函数表达了不同的概念，因而也是相互独立的。

以下示例展示了 3 种类型的常量函数：

● 第 1 种是常量类型的函数。
● 第 2 种是返回常量类型引用的函数。
● 第 3 种则是一个返回常量类型引用的常量类型函数：

```
type& function() const {}
const type& function() {}
const type& function() const {}
```

4.3.3 this 关键字

当在类中使用 this 关键字时，它表示一个指针，其值为调用成员函数的对象的地址。this 关键字可以出现在任何非静态成员函数的函数主体内。

在以下示例中，函数 setColorToRed() 和 setColorToBlue() 执行了相同的操作。两者都设定了一个数据成员，但是前者使用了 this 关键字来代指当前对象：

```
class Car
{
    std::string color;
    void setColorToRed()
    {
        this - > color = "Red";
        //显式使用 this
    }
    void setColorToBlue()
    {
        color = "Blue";
        //与 this - > color = "Blue";相同
    }
};
```

注意：pointer— > member 是一种访问 pointer 所指向结构体内 member 的便捷方法。它等价于(* pointer). member。

练习：利用 this 关键字创建一个问候新用户的程序

我们来编写一个程序,该程序首先询问用户的名字,然后输出一条欢迎信息来问候新用户:

① 首先,引入需要的头文件。

② 加入以下函数来打印需要的输出:

```
class PrintName {
    std::string name;
};
```

③ 使用 this 关键字编写一条收尾信息来结束该程序。在之前的类中定义以下方法:

```
public:
    void set_name(const std::string &name){
        this - > name = name;
    }
    void print_name() {
        std::cout << this - > name << "! Welcome to the C + + community :)" << std::endl;
    }
```

④ 按照以下代码编写 main()函数:

```
int main()
{
    PrintName object;
    object.set_name("Marco");
    object.print_name();
}
```

输出如下:

```
Marco! Welcome to the C + + community :)
```

注意:与类的某一数据成员同名的函数参数可以影响前者的可见性。在这种情况下,需要使用 this 关键字来消除歧义。

4.3.4 类相关的非成员函数

类相关的非成员函数尽管被定义为属于类接口的函数或操作,但其本身并不是类的一部分。请看以下示例:

```
class Circle{
    public:
        int radius;
};
ostream& print(ostream& os, const Circle& circle) {
```

```
os << "Circle's radius: " << circle.radius;
return os;
}
```

该打印函数会在给定的流上写入圆的半径,这是最常见的标准输出。

任务 7:使用访问器和调整器来实现信息隐藏

在该任务中,首先需要定义一个名为 Coordinates 的类,它包含两个数据成员,即 latitude 和 longitude,两者都是 float 类型数据,且不能公开访问。有以下 4 个与 Coordinates 类相关联的操作:set_latitude、set_longitude、get_latitude 和 get_longitude。通过使用访问器和调整器,可以实现代码的封装。

请按以下操作步骤完成本任务:

① 定义一个名为 Coordinates 的类,并将其数据成员置于私有访问说明符中。

② 将上述 4 个函数加入类中,并在其声明前加上公共访问说明符,以使其可被公开访问。

③ 调整器(set_latitude 和 set_longitude)接收一个 float 类型数据作为参数,并返回 void 类型,而访问器则不接收任何参数,并返回一个 float 类型值。

④ 现在已经可以使用这 4 个函数了。调整器将特定数据成员的值设为给定的数值,而访问器则返回已存储的数值。

4.4 构造函数和析构函数

到目前为止,我们已经学习了如何声明数据成员,如何通过添加公共访问说明符在函数中使用它们,以及如何访问它们。现在来研究如何设定数据成员的值。

在以下示例中,将声明一个名为 Rectangle 的结构体,并给它设定一个值:

```
struct Rectangle {
    int height;
    int width;
};
Rectangle rectangle;
//以下打印函数会打印什么
std::cout << "Height:" << rectangle.height << std::endl;
```

这一行会打印出一个随机的数值,因为并没有给该 int 类型数据人为设定数值。C++ 给基本类型数据进行初始化的原则是为它们赋上非特定的数值。

注意:在某些情况下,变量的值在未初始化时会被设置为 0。这可能是因为操作系统、标准库或编译器中的一些细节,而 C++ 的标准并不能保障该特性一定实现。当程序依赖于这种行为时,会出现错误,因为变量何时能够初始化为 0 是不可预测的。因此,我们需要养成显式初始化基本类型变量的习惯。

4.4.1 构造函数

初始化数据成员时，需要使用构造函数。构造函数是一个特殊的成员函数，它的名称与类相同，且不返回任何类型，当创建类的新对象时，编译器会自动调用它。与任何其他函数一样，构造函数也可以接收参数并具有函数主体。可以通过在变量名称后添加参数列表来调用构造函数：

```
Rectangle rectangle(parameter1, paramter2, ..., parameterN);
```

当函数没有参数时，括号可以缺省。对于结构体 Rectangle 而言，以下就是没有参数的构造函数的示例：

```
struct Rectangle {
    int height, width;
    Rectangle() {
        height = 0;
        width = 0;
    }
};
```

注意：当构造函数的唯一任务是初始化数据成员时，可以选择使用初始化列表。我们将在本章后续内容中展开详细的论述。

构造函数除了向数据成员赋值外，还可以执行代码，这一点类似于普通的函数体。这对于类不变量的概念十分重要。隐藏类中与私有类型成员相关的实现代码，而只向外界开放公共类型的方法来与类所代表的概念相互作用，这种行为的一个核心优势便是可以固定类不变量。

类不变量是指类的一项或一系列特性，它们对于类的任意给定实例以及在任何时候都应当是成立的。因为这一系列特性是不变的，也即是永远为真的，所以我们称其为不变量。

请看以下需要类不变量的示例。想象我们想要创建一个类来表示日期。日期包括年份数、月份数和日期数，三者都是由整数表示的。以结构体的形式创建这样一个类，其中所有的字段都是可公开访问的。具体代码如下：

```
struct Date {
    int day;
    int month;
    int year;
};
```

此时，用户可以轻易地实现以下代码：

```
Date date;
date.month = 153;
```

然而,上述代码并没有意义,因为公历中只有 12 个月。这里,类的类不变量应当是:月份数总是介于 1~12 之间,日期数总是介于 1~31 之间,且随着月份不同,日期数可能会更少。

无论用户对 Date 类对象进行了何种修改,这些不变量都应始终保持不变。类可以将"日期存储为三个整数"这一细节隐藏起来,而只公开与 Date 类对象相互作用的函数。函数接收到的日期始终都会是有效的(在函数开始时要满足不变量),而经过它们作用后的日期也必须是有效的(在函数结束时也要满足不变量)。

构造函数不仅会将数据成员初始化,而且还会确保满足类不变量。在构造函数执行后,不变量必须仍为真。

注意:不变量的概念并不是 C++特有的,也没有专门的工具来指定类的不变量。最好的做法是将类的预期不变量与类的代码一起记录下来,以便使用该类的开发人员可以很容易地搞清楚期望的不变量有哪些,并确保程序服从它们。

在代码中使用断言也有助于识别不变量何时不被服从。当不服从不变量时,程序很可能会出现错误。

4.4.2 重载构造函数

与其他函数类似,可以通过使构造函数接收不同的参数来使其重载。这在对象可以由不同方式创建时尤其有用,因为用户可以通过提供预期的参数来创建对象,并且调用与该创建方式相对应的构造函数。

在本章中,我们曾经学习过 Rectangle 类的默认构造函数的示例。而如果想要添加一个能够用正方形创建出矩形的构造函数,则可以添加以下代码:

```
class Rectangle {
    public:
    Rectangle(); //与前文相同
    Rectangle (Square square);
};
```

此处,第二个构造函数就是一个重载构造函数,并且会根据类的对象初始化方式决定是否被调用。

在以下示例中,第一行将会调用无参数的构造函数,而第二行则会调用重载构造函数:

```
Rectangle obj;              //调用第一个构造函数
Rectangle obj(square);      //调用第二个重载构造函数
```

注意:如果构造函数只有一个非默认参数,那么该构造函数也称作转换构造函数。这种构造函数会进行一种隐式转换,将参数的类型转换为自身所属类的类型。

根据以上定义,可以做出如下转换:

```
Square square;
```

```
Rectangle rectangle(square);
```

该构造函数被初始化,并从 Square 类型转换成了 Rectangle 类型。

类似地,编译器在调用函数时也可以产生隐式转换,正如以下示例所示:

```
void use_rectangle(Rectangle rectangle);
int main() {
    Square square;
    use_rectangle(square);
}
```

当调用 use_rectangle 函数时,编译器通过调用接收 Square 类参数的转换构造函数来创建一个新的 Rectangle 类对象。

想要避免这种情况,可以在构造函数的定义前添加 explicit 说明符"explicit class_name(type arg) { }"。

请看 Rectangle 类的另外一种实现代码,该代码中包含一个显式构造函数:

```
class ExplicitRectangle {
    public:
        explicit ExplicitRectangle(Square square);
};
```

当尝试用 Square 类型对象去调用本应接收 ExplicitRectangle 类型参数的函数时,就会收到错误报告:

```
void use_explicit_rectangle(ExplicitRectangle rectangle);
int main() {
    Square square;
    use_explicit_rectangle(square); //错误!
}
```

4.4.3　构造函数成员的初始化

正如我们已经看到的,构造函数是用于对成员进行初始化的函数。到目前为止,我们已经学习了通过直接给成员赋值来初始化函数主体内的成员。C++还提供了一个特性——初始化列表,该特性能够以更符合人体工程学的方式初始化类的字段值。初始化列表允许在构造函数主体执行之前调用类的数据成员的构造函数。为了编写初始化列表,只需在构造函数主体之前插入一个冒号(:)和一个由逗号分隔的类成员初始化列表。

请看以下示例:

```
class Rectangle {
    public:
        Rectangle(): width(0), height(0) { } //该函数主体为空,因为变量已被初始化
        private:
```

```
    int width;
    int height;
};
```

注意在此例中,构造函数的唯一作用就是初始化成员,因而它的函数主体为空。

如果我们尝试打印 Rectangle 类对象的 width 和 height 两个数据,就会发现它们已被正确初始化为 0:

```
Rectangle rectangle; std::cout << "Width:" << rectangle.width << std::endl;  // 0
std::cout << "Height:" << rectangle.height << std::endl;                      // 0
```

在 C++ 中,推荐使用初始化列表来对成员变量进行初始化,尤其是当有数据成员为常量时。当使用初始化列表时,要注意数据成员实际被初始化的顺序是与其在类中声明的顺序一致的,而不是其在初始化列表中出现的顺序。请看以下示例:

```
class Example {
    Example(): second(0), first(0) {}
    int first;
    int second;
};
```

当调用 Example 类的默认构造函数时,其中的 first 方法会首先被初始化,而后才是 second 方法,尽管两者在初始化列表中出现的顺序与此相反。

注意:一定要养成这个良好的编程习惯——按照成员声明的顺序编写初始化列表;编译器会在两者顺序不同时发出告警。

4.4.4　聚合类的初始化

聚合类是指没有用户声明的构造函数,没有私有或受保护的非静态数据成员,没有基类也没有虚函数的类或结构体。尽管这些类并没有构造函数,但是它们仍然可以被初始化。初始化格式是一个由括号括起、逗号分隔的初始化语句列表,如下所示:

```
struct Rectangle {
    int length;
    int width;
};
Rectangle rectangle = {10, 15};
std::cout << rectangle.length << "," << rectangle.width;
//输出: 10, 15
```

4.4.5　析构函数

析构函数会在一个类离开其作用域时被自动调用,用于销毁属于类的对象。

析构函数的函数名是在类名称前加上一个波浪线(~),并且不接收任何参数,也不返回任何数值(甚至也不返回 void 类型)。

请看以下示例：

```
class class_name {
    public:
        class_name() {}          //构造函数
        ~class_name() {}         //析构函数
};
```

在执行析构函数的主体，且销毁在主体内分配的自动对象后，类的析构函数将调用类中所有直接成员的析构函数。数据成员按其构造的相反顺序被销毁。

练习：编写一个小程序来展示构造函数和析构函数的用法

下面编写一个简单的程序，以展示构造函数和析构函数的用法：

① 引入需要的头文件。

② 将以下代码添加到 Coordinates 类中：

```
class Coordinates
{   public:
    Coordinates(){
        std::cout << "Constructor called!" << std::endl;
    }

    ~Coordinates(){
        std::cout << "Destructor called!"
        << std::endl;      }
};
```

③ 在 main()函数中，加入以下代码：

```
int main()
{
    Coordinates c;       //调用构造函数
    //调用析构函数

}
```

输出如下：

```
Constructor called!
Destructor called!
```

4.4.6　默认构造函数和析构函数

所有的类都需要构造函数和析构函数。当编程者没有定义这些函数时，编译器将会自动创建隐式定义的构造函数和析构函数。

注意：默认的构造函数可能不会对数据成员进行初始化。具有内置或复合类型成员的类通常应该在类中初始化这些成员，或者专门为它们定义默认构造函数。

任务 8：表示二维地图中的位置

创建一个程序来显示二维世界地图。用户需要能够保存的特定位置，例如家、餐厅、办公场所等。要实现这一功能，需要能够表示出世界上的任一位置。

首先，创建一个名为 Coordinates 的类，它的数据成员是点的二维坐标。要保证对象一定能够被正确初始化，我们需要使用构造函数来对类的数据成员进行初始化。

请按以下步骤执行操作：

① 创建一个名为 Coordinates 的类，使其所包含的数据成员为点的坐标。

② 现在该类中有两个浮点类型数据：_latitude 和_longitude，它们确定了一个在地理坐标系中的位置。需要注意，应该将这些数据成员置于私有访问说明符下。

③ 向该类中添加一个公共的构造函数，使其接收 latitude 和 longitude 这两个用于对类的数据成员进行初始化的参数。

④ 现在爱丽丝就可以使用 Coordinates 类来表示地图上任一位置的二维坐标了。

4.5　资源获取就是初始化

资源获取就是初始化，简称 RAII，是编程界的习语，指通过将某一资源与对象的生命周期建立关联，从而实现对该资源生命周期的自动管理。

只要使用好对象的构造函数和析构函数，就可以达成 RAII 的目标。构造函数负责获得该资源，而析构函数则负责实现它。当一个资源无法获取时，构造函数可以留下一个异常情况，但析构函数则不能这样做。通常情况下，当资源的使用过程涉及 open()/close()、ock()/unlock()、start()/stop()、init()/ destroy()等函数或与之相似的函数时，建议通过 RAII 类的实例对该资源进行操作。以下是一种利用 RAII 的原理打开或关闭文件的方法。

注意：正如许多其他语言一样，C＋＋也用流代表数据的输入和输出操作。在流中，数据可以被写入或读取。

类的构造函数向一个给定的流打开文件，而析构函数则关闭文件：

```
class file_handle {
    public:
        file_handle(ofstream& stream, const char * filepath) : _stream(stream)
        { _stream.open(filepath);
        }
        ~file_handle {
            _stream.close();
        }
    private:
        ofstream& _stream;
```

```
);
```

若要打开文件,则只需将文件路径提供给 file_handle 类。此后,在对应的 file_handle 类对象的整个生命周期中,该文件都不会被关闭。而当这一对象到达其作用域的末尾时,文件也就自然关闭了:

```
ofstream stream;
{
    file_handle myfile(stream, "Some path");     //打开文件
    do_something_with_file(stream);
}                                                //关闭文件
```

上述代码是对以下代码的替换:

```
ofstream stream;
{
    stream.open("Some path");                    //打开
    do_something_with_file(stream);
    stream.close();                              //关闭文件
}
```

尽管应用 RAII 原理的优势看上去仅仅是简化代码,但其真正的优势在于提高了代码的安全性。对于编程者而言,编写出一个能够正确打开文件却不关闭它,或者分配了记忆却不销毁它的函数是十分常见的事情。

RAII 完成了自动处理这些容易被遗漏的操作。

任务 9：存储地图上不同位置的坐标

在二维地图的程序中,用户可以存储多个位置。相应地,我们需要存储多个坐标,以实时跟进用户存储位置的情况。要做到这一点,就需要创建一个数组来存储二维坐标:

① 使用 RAII 编程习惯用法,编写一个类来管理数组内存的分配和删除。类的数据成员包含一个用于存储数据的整数数组。

② 构造函数将接收数组的大小作为参数。

③ 构造函数将负责分配用于坐标存储的内存。

④ 分配内存时,可以调用函数 allocate_memory(参数为数组元素个数),其返回值为一个指向所需坐标数组的指针。释放内存时,可以调用函数 release_memory(参数为数组本身),用于专门负责释放内存。

⑤ 最后,定义一个析构函数,并确保在应用该函数后,之前分配给数组的内存被成功释放。

4.6　嵌套类的声明

在类的范围内,可以声明的不仅仅是数据成员和成员函数,而且还可以声明另外的

类,这些在其他类中声明的类称为嵌套类。由于嵌套类是在外部类中声明的,所以它可以访问所有声明的名称,就好像它是外部类的一部分一样:它甚至可以访问声明为私有的成员。

另一方面,嵌套类并不与其外部类的任何实例相关联,因而它只能访问外部类的静态成员。与访问外部类的静态成员类似,可以使用双冒号(::)来访问嵌套类。请看以下示例:

```
//声明
class Coordinate {
    ...
    struct CoordinateDistance {
        float x = 0;
        float y = 0;
        static float walkingDistance(CoordinateDistance distance);
    }
};
//创建嵌套类 CoordinateDistance 的实例
Coordinate::CoordinateDistance distance;
/* 调用在嵌套类 CoordinateDistance 中声明的静态方法
walkingDistance
*/
Coordinate::CoordinateDistance::walkingDistance(distance);
```

嵌套类主要有两种用途:
- 在实现类时,需要一个对象来管理类的算法。在这种情况下,嵌套类通常是私有的,并且不会对类的公共接口公开。嵌套类主要用于简化类的实现。
- 在设计类的功能时,希望提供一个与原始类密切相关却又不同的类,该类提供了原始类功能的一部分。在这种情况下,嵌套类可以由原始类的用户访问,并且通常是与原始类交互的重要部分。

想象一个对象序列。我们希望用户能够通过迭代遍历该序列中包含的对象。为了做到这一点,需要记录用户已经迭代过的和剩余的对象。通常使用迭代器来完成此操作,而迭代器就是一个嵌套类,它是 List 类中负责与 List 类本身作用的一个必要组成部分。

4.7 友元说明符

正如我们已经看到的,类的私有和受保护成员无法从其他函数和类中访问。但类可以将另一个函数或类声明为友元;此函数或类将可以访问将其声明为友元的类的私有和受保护成员。用户需要在类体内特别做出友元声明。

4.7.1 友元函数

友元函数是非成员函数,但有权访问类的私有和受保护成员。将函数声明为友元函数的方法是在类中添加该函数的声明,并在声明前添加 friend 关键字。请看以下代码:

```
class class_name {
    type_1 member_1;
    type_2 member_2;
    public:
        friend void print(const class_name &obj);
};
friend void print(const class_name &obj){
    std::cout << obj.member_1 << " " << member_2 << std::endl;
}
```

在上述示例中,因为在类的范围外声明的函数已被声明为是该类的友元函数,所以它拥有访问该类的数据成员的权限。

4.7.2 友元类

与友元函数类似,一个类也可以被另一个类声明为友元类,方法同样是使用 friend 关键字。声明一个类为友元类,相当于声明其所有的方法为友元函数。

注意:友元关系并不是相互的。类 A 是类 B 的友元类并不代表类 B 是类 A 的友元类。

以下代码展示了友元关系的非相互性:

```
class A {
    friend class B;
    int a = 0;
};
class B {
    friend class C;
    int b = 0;
};
class C {
    int c = 0;
    void access_a(const A& object) {
        object.a;      //错误! A 为私有类型,并且 C 并不是 A 的友元类
    }
};
```

友元关系也是不可传递的;所以在上述示例中,类 C 并不是类 A 的友元类,从而类 C 的方法不能访问类 A 的私有或受保护的成员。另外,尽管类 B 是类 A 的友元类,但

类 A 也不能访问类 B 的私有成员，这正是因为友元关系并不是相互的。

练习：创建一个打印用户身高的程序

我们来编写一个程序，该程序收集用户以英寸为单位的身高，并经过计算打印出用户以英尺为单位的身高：

① 引入所有需要的头文件。

② 创建一个 Height 类，并使其包含一个公共方法：

```
class Height {
    double inches;
    public:
        Height(double value): inches(value) { }
        friend void print_feet(Height);
};
```

③ 在上述代码中，使用了一个名为 print_feet 的友元函数。现在来声明它：

```
void print_feet(Height h){
    std::cout << "Your height in inches is: " << h.inches << std::endl;
    std::cout << "Your height in feet is: " << h.inches * 0.083 << std::endl;
}
```

④ 在 main()函数中引用该类，如下所示：

```
int main(){
    IHeight h(83);
    print_feet(h);
}
```

输出如下：

```
Your height in inches is: 83
Your height in feet is: 6.889
```

任务 10：能够创建 Apple 实例的 AppleTree 类

有时除了少数类型外，并不希望创建类型的对象。这通常发生在类之间严格相关的时候。下面来创建一个不提供公共构造函数的 Apple 类和负责创建该类的 AppleTree 类。请按以下步骤操作：

① 首先需要创建一个包含私有构造函数的类。这样，我们就无法构造对象，因为构造函数不能被公开访问：

```
class Apple
{
    private:
        Apple() {}
        //不执行任何操作
};
```

② 定义 AppleTree 类并包含一个名为 createFruit 的方法,该方法负责创建一个 Apple 类的对象并返回它:

```
class AppleTree
{
    public:
        Apple createApple(){
            Apple apple;
            return apple;
        }
};
```

③ 如果编译该代码,则编译器会警告错误。此时,Apple 的构造函数是私有的,因此 AppleTree 类无法访问它。需要声明 AppleTree 类是 Apple 的友元,以允许 Apple-Tree 访问 Apple 的私有方法:

```
class Apple
{
    friend class AppleTree;
    private:
        Apple() {}
        //不执行任何操作
}
```

④ 现在就可以通过以下代码来构造 Apple 对象:

```
AppleTree tree;
Apple apple = tree.createFruit();
```

4.8 复制构造函数和赋值运算符

复制构造函数是一种特殊的构造函数。该函数直接使用一个对象的数据成员来初始化另一个对象。被复制的源对象将作为一个参数传递给复制构造函数,该对象的参数类型通常是源对象所属类的引用,且可能被限定为 const。

以下代码定义了一个含有由用户定义的复制构造函数的类,该构造函数将另一个对象的数据成员复制到当前类的对象中:

```
class class_name {
    public:
        class_name(const class_name& other) : member(other.member){}
    private:
        type member;
};
```

当类的定义中并没有明确声明出复制构造函数时,编译器将会自动隐式声明,并且确保类中所有的数据成员都有对应的复制构造函数。这一隐式定义的复制构造函数对类成员的复制顺序与类成员的初始化顺序一致。

请看以下示例:

```
struct A {
    A() {}
    A(const A& a) {
        std::cout << "Copy construct A" << std::endl;
    }
};
struct B {
    B() {}
    B(const B& a) {
        std::cout << "Copy construct B" << std::endl;
    }
};
class C {
    A a;
    B b;
    //复制构造函数是隐式定义的 };
    int main() {
        C first;
        C second(first);
        //输出: "Copy construct A", "Copy construct B"
    }
```

当类 C 被复制构造时,其中的成员是按照先 a 后 b 的顺序被复制的。编译器通过调用对应类中定义的复制构造函数来对 A 和 B 进行复制。

注意:在复制指针时,并不是复制其所指向的对象,而只是复制该指针所存储对象的地址。这意味着当类的数据成员中包含指针时,其隐式复制构造函数只复制指针而不复制指针所指向的对象,此时复制产生的指针与原指针将会共享同一个对象,称该种操作为浅拷贝。

4.8.1　复制赋值运算符

除了复制构造函数外,另一种复制对象的方法是使用复制赋值运算符。与复制构造函数不同,复制赋值运算符只有在对象完成初始化之后才会被调用。赋值运算符的声明和定义与复制构造函数十分相似,唯一的不同在于前者是对"="运算符的重载,且其通常返回一个指向所在类(即 * this)的引用(尽管该返回值并不必要)。

以下为复制赋值运算符的应用示例:

```
class class_name {
```

```
public:
    class_name& operator = (const class_name & other) {
        member = other.member;
    }
private:
type member;
};
```

同样地,当类中没有明确声明复制赋值运算符时,编译器将会自动隐式声明,且此时成员的复制顺序也与初始化顺序相同。在以下示例中,当调用复制构造函数和复制赋值运算符时,程序均会输出一个语句:

```
class class_name {
public:
    class_name(const class_name& other) : member(other.member){
        std::cout << "Copy constructor called!" << std::endl;
    }
    class_name& operator = (const class_name & other) {
        member = other.member;
        std::cout << "Copy assignment operator called!" << std::endl;
    }
private:
type member;
};
```

以下代码展示了两种复制对象的方式,两者分别使用了复制构造函数和复制赋值运算符,且都会输出一个语句:

```
class_name obj;
class_name other_obj1(obj);
\\输出"Copy constructor called!"
class_name other_obj2 = obj;
\\输出"Copy assignment operator called!"
```

4.8.2　移动构造函数和移动赋值运算符

与复制操作一样,移动操作也能够将对象的数据成员设定成与另一对象的对应数据成员相等。唯一的不同在于,在移动操作中,成员的内容会被从一个对象转移至另一个,同时从原对象中删除。作为类的成员,移动构造函数和移动赋值运算符接收所属类的 r-值类型的引用作为参数:

```
class_name (class_name && other);              //移动构造函数
class_name& operator = (class_name && other);  //移动赋值运算符
```

注意:为了叙述清晰,可以简单地将一个 r-值类型的引用(通过在函数参数类型后添加"&&"运算符形成)看作一个没有内存地址的数值,并且不会在单个表达式(例如临时对象)之外存在。

移动构造函数和移动赋值运算符使得 r -值类型的对象所占用的资源可以在不被复制的情况下被移动到 l 值类型对象中。

当使用移动构造函数或移动赋值运算符时,将源对象的内容转移到目标对象中,但源对象需要保持有效。为此,在使用这些方法时,将源对象的数据成员的数值重置为有效值是至关重要的。这是防止析构函数多次释放类的资源(如内存)所必需的操作。

假设有一个 Resource 类,该类支持获取、释放、重置以及对是否重置进行检查等操作。以下为 WrongMove 构造函数的示例:

```
class WrongMove {
  public:
    WrongMove() : _resource(acquire_resource()) {}
    WrongMove(WrongMove&& other) {
      _resource = other._resource;
      //错误:没有重置 other._resource
    }
    ~WrongMove() {
      if (not is_reset_resource(_resource)) {
        release_resource(_resource);
      }
    }
  private:
    Resource _resource;
}
```

WrongMove 类的移动构造函数将会释放两次相同的资源:

```
{
    WrongMove first;
    //获取资源
    {
        /* 移动构造函数的调用:将资源复制到了 second 中,但并未重置 first 中的资源 */
        WrongMove second(std::move(first));
    }
    /* 此处 second 被销毁:second._resource 被释放。因为对资源进行的是复制操作,所以
        first._resource 也已被释放 */
} // First 被销毁:同样的资源被再次释放! 错误!
```

实际上,移动构造函数应该对以下代码中 other 对象的_resource 成员进行重置,这样,析构函数就不会再次调用 release_resource:

```
WrongMove(WrongMove&& other) {
    _resource = other._resource;
```

```
    other._resource = resetted_resource();
}
```

当用户既没有定义移动构造函数和移动赋值运算符,也没有声明析构函数、复制构造函数和复制赋值运算符时,编译器将会自行产生隐式移动构造函数和移动赋值运算符:

```
struct MovableClass {
    MovableClass(MovableClass&& other){
        std::cout << "Move construct" << std::endl;
    }
    MovableClass& operator = (MovableClass&& other) {
        std::cout << "Move assign" << std::endl;
    }
};
MovableClass first;
//移动构造函数
MovableClass second = std::move(first);
//或者: MovableClass second(std::move(first));
MovableClass third;
//移动赋值运算符
second = std::move(third);
```

4.8.3 阻止隐式构造函数和赋值运算符的产生

当类满足所有需要的条件时,编译器就会自行产生复制移动构造函数、移动构造函数、复制赋值运算符以及移动赋值运算符。而在某些情况下,类并不应被复制或移动,此时可以阻止编译器的这一行为。为了阻止隐式构造函数和赋值运算符的产生,可以在其声明后添加"=delete;"。

请看以下示例:

```
class Rectangle {
    int length;
    int width;
    //阻止产生隐式移动构造函数
    Rectangle(Rectangle&& other) = delete;
    //阻止产生隐式移动赋值运算符
    Rectangle& operator = (Rectangle&& other) = delete;
};
```

4.8.4 运算符重载

C++的类代表用户定义的类型,因此出现了以特别的方式对这些类型进行操作的需求。部分操作函数可能在操作不同类型时会有不同的意义。运算符重载使得我们能够定义运算符在应用于某一类对象时的意义。

例如,运算符"+"的意义在应用于数字类型和以下由坐标数据组成的 Point 类时意义是不同的。C++语言并不能确定运算符"+"应该对像 Point 类这种用户自定义的类型进行何种操作,因为它并不能控制这些类型的性质,也不知道这些类型的预期行为。正因如此,C++才不能为用户自定义的类型定义运算符。

然而,C++允许用户对自定义的类型(包括类)中的绝大多数运算符的行为进行定义。以下是为 Point 类定义运算符"+"的示例:

```
class Point {
    Point operator + (const Point &other)
    {
        Point new_point;
        new_point.x = x + other.x;
        new_point.y = y + other.y;
        return new_point;
    }
    private:
        int x;
        int y;
}
```

以下运算符可被重载:

```
+      -       *       /       %       ^
+=     -=      *=      /=      %=      ^=
<      >       <=      >=      ++      --
<<     >>      ==      !=      &&      ||
&=     |=      <<=     >>=     []      ()
,      =       &       !       |       ~
->*    ->      new   delete new[] delete[]
```

以下运算符不可被重载:

```
::    .*    .    ?:
```

需要两个操作数进行运算的运算符被称为二元运算符,例如+、-、*、/等。重载二元运算符的方法需要接收一个参数。当编译器遇到了该运算符时,会从运算符左侧的变量中调用该方法,而运算符右侧的变量则会被作为参数传递该方法。

我们已经在前面的示例中看到了 Point 类定义了接收一个参数的运算符"+"。而当对 Point 类使用该运算符时,代码如下所示:

```
Point first;
Point second;
Point sum = first + second;
```

本例中最后一行代码等价于以下代码:

```
Point sum = first. operator + (second);
```

编译器将自动完成从前者到后者的转换。

只需要一个操作数的运算符称为单元运算符,例如－－、＋＋、! 等。

重载单元运算符的方法不能接收任何参数。当编译器遇到该运算符时,会直接在该运算符所分配的变量内调用方法。

例如,拥有一个对象,定义如下:

```
class ClassOverloadingNotOperator {
    public:
        bool condition = false;
        ClassOverloadingNotOperator& operator!() {
        condition = !condition;
        }
};
```

编写以下代码:

```
ClassOverloadingNotOperator object;
!object;
```

因而代码会被重新编写成以下代码:

```
ClassOverloadingNotOperator object;
object.operator!();
```

注意:运算符重载有两种方式,即将运算符当作成员函数或者不当作成员函数。两者的实际效果相同。

任务 11:排序点对象

在二维地图应用的任务中,想要按照从西南到东北的顺序显示用户已保存的位置。为了达成这个目标,首先要按照该顺序对多个位置进行排序。请记住 x 坐标代表东西方向上的方位,而 y 坐标则代表南北方向上的方位。

在实际情境中,要比较两个点,就需要比较它们的 x、y 坐标。而想要在代码中实现这一点,就需要在 Point 类中重载运算符" < "。我们所定义的新函数的返回值是一个布尔类型的值,要么是真要么是假,且其真假性取决于点 p_1 和 p_2 的顺序。

如果点 p_1 的 x 坐标小于 p_2 的 x 坐标,那么 p_1 就排在 p_2 之前;如果,两者 x 坐标相等,那么比较它们的 y 坐标。请按照以下步骤操作:

① 需要向先前定义的 Point 类中添加一个重载运算符" < ",该运算符接收另一个 Point 类的对象作为参数,并返回一个布尔类型值,以显示调用运算符的对象是否应当排在作为参数的对象之前,判断依据便是上述的两点比较方法。

② 此时,可以比较两个 Point 对象。

③ 由于在示例中,p_1 的 x 被初始化为 1,p_2 的 x 被初始化为 2,因此比较的结果为真,这说明 p_1 排在 p_2 之前。

4.8.5 仿函数概述

仿函数(即函数对象)与类较为相似。重载 operator() 函数的类又称作函数调用运算符。

定义仿函数的语法格式如下:

```
class class_name {
    public:
        type operator()(type arg) {}
};
```

函数调用运算符具有返回值,且可以接收任意类型、任意数量的参数。要调用对象的函数调用运算符,可以在对象名后加上由括号括起的所有参数。可以想象,提供函数调用运算符的对象可以像函数一样使用。以下为仿函数的示例:

```
class_name obj;
type t;
/* obj 是具有函数调用运算符的类的实例,它可以像函数一样使用 */
obj(t);
```

当需要将函数对象传递给算法模板,且该算法模板可以接收定义了 operator() 函数的对象时,仿函数尤其有用。它的应用增强了代码的可重复使用性和可测试性。将在第 5 章关于 lambda 表达式的讨论中看到更多关于这一点的内容。

以下为仿函数简单应用的示例,该仿函数的作用是先打印一行字符串,然后再在其末尾添加一行:

```
class logger{
    public:
        void operator()(const std::string &s) {
            std::cout << s << std::endl;
        }
};
logger log;
log ("Hello world!");
log("Keep learning C + + ");
```

任务 12:仿函数的应用

编写一个函数对象,该函数在构造时接收一个数值,并定义了一个可接收另一个数值的函数调用运算符,最终返回两数之和。请按以下步骤操作:

① 定义一个名为 AddX 的类,该类由一个私有的 int 类型数据成员和一个构造函数组成。

② 在该类中加入一个函数调用运算符 operator(),该运算符接收的参数和返回值都是 int 类型数值,且返回先前定义的 x 值和作为它的参数的 y 值之和。

③ 实例化上述定义的类的对象,并调用函数调用操作符:

```
class AddX {
    public:
        explicit AddX(int v) : value(v) {}
        int operator()(int other_value) {
            Indent it to the right, same as above
        }
    private:
    int value;
};
AddX add_five(5);
std::cout << add_five(4) << std::endl; //输出 9
```

4.9 总 结

在本章中,我们学习了类的概念在 C++ 中的应用。首先介绍了使用类的优点,并了解了类如何帮助我们进行高效的抽象化编程;简要讲述了访问说明符——类可以用它来限制允许访问类的字段和方法的对象;继续探究了类及其实例之间的概念差异,以及这一差异在静态字段和静态方法中的含义;学习了如何使用构造函数对类及其成员进行初始化,以及如何使用析构函数清除类所管理的资源。

然后,探讨了如何将构造函数和析构函数结合起来,从而实现 C++ 著名的且必要的编程范式:RAII。展示了 RAII 如何简化类的创建,以及如何提高程序的安全性与简洁性。

最后,介绍了运算符重载的概念,以及如何使用它来创建与内置类型同样容易使用的类。

在第 5 章中,我们将重点讨论模板,主要研究如何实现模板函数和模板类,并编写适用于多种类型的代码。

第 5 章　泛型编程和模板

5.1　引　言

在编程时,经常会遇到不同类型的对象重复出现的问题,如存储对象列表、搜索列表中的元素或查找两个元素之间的最大值。

假设在程序中,想要找出两个元素之间的最大值,不管是整数还是双精度数。根据目前所学的知识,可以编写以下代码:

```
int max(int a, int b) {
    if ( a > b) return a;
    else return b;
}
double max(double a, double b) {
    if ( a > b) return a;
    else return b;
}
```

在上述代码中,除了参数类型和返回类型外,这两个函数是相同的。理想情况下,希望只编写一次此类操作,并在整个程序中重复使用它们。

此外,max()函数只能在重载存在的类型中调用,本例中是 int 和 double。如果想要使用任何数值类型,则需要编写适用于每个数值类型的重载;需要事先了解所有可能输入的类型,特别当函数是库的一部分时,这样做是为了供其他开发者使用,因为无法知道调用函数时使用的类型。

可以看到,找到最大的元素并不需要特定的整数;如果元素实现运算符"<",那么就有可能找到两个数字中较大的一个,而且算法不会发生改变。在这种情况下,C++提供了一个有效的工具——模板。

5.2　模　板

模板是一种定义函数或类的方法,这些函数或类可以为许多不同的类型工作,并且只需编写一次。模板通过具有特殊类型的参数(即类型参数)来实现这一点。在编写模板代码时,可以像使用实际类型一样使用类型参数,如 int 或 string。当模板化的函数被调用或模板类被实例化时,类型参数会被调用代码所使用的实际类型替代。

现在请看以下 C++代码模板的示例:

```
template <typename T>
T max(T a, T b) {
    if(a > b) {
        return a;
    } else {
        return b;
    }
}
```

模板以 template 关键字开头,后跟随尖括号括起来的模板参数列表。模板参数列表是由逗号分隔的参数组成的列表。在本例中,只有一个——typename T。typename 关键字告知模板,我们正在编写一个使用泛型类型的模板函数,将其命名为 T。

然后,跟随函数的定义。在函数定义中,当想引用泛型类型时,可以使用名称 T。为了调用模板,需要指定模板的名称,后续跟随想用作类型参数的类型列表,并用尖括号括起来:"max <int> (10, 15);",这将调用模板函数 max,并指定 int 作为类型参数。也就是说,使用类型 int 实例化了模板化函数 max,然后调用该实例。

并不总是需要指定模板的类型参数;编译器可以从调用代码中推断出它们。后续章节中,我们将学习这个特性。接下来将深入探究如何编译包含模板的代码。

5.2.1 编译模板代码

与函数和类相似,模板需要在使用之前进行声明。当编译器第一次在程序中遇到模板定义时,编译器会解析模板,并且只执行部分对其余代码执行的检查。这是因为编译器在解析模板时并不知道应该使用哪种类型,而类型本身就是参数。这可以防止编译器执行涉及参数类型或依赖于参数类型的任何检查。

因此,只有在模板实例化时,才会收到模板中某些错误的通知。一旦定义了模板,就可以在代码中进行模板实例化。在模板实例化时,编译器查看模板的定义并从模板中生成代码的新实例,其中对类型参数的所有引用都会被提供的类型所替换。

例如,当调用 max <int> (1, 2)时,编译器会查看之前指定的模板定义,并生成如下代码:

```
int max( int a, int b) {
    if(a > b) {
        return a;
    } else {
        return b;
    }
}
```

注意：编译器是从模板的定义中生成代码的,这意味着完整的定义需要对调用代码可见,而不仅仅是声明(如函数和类)。

模板仍然可以被提前声明,但是其定义也须对编译器可见。因此,当编写由多个文件访问的模板时,模板的定义和声明都必须在头文件中。如果模板仅在一个文件中使用,则不存在此限制。

练习：查找余额最高用户的银行账户

编写一个模板函数,它接收两个银行账户(相同类型)的详细信息,并返回最高余额的银行账户。编写程序,执行以下步骤：

① 创建两个名为 EUBankAccount 和 UKBankAccount 的结构体,以代表欧盟银行账户和英国银行账户所需的基本信息,如以下代码所示：

```
#include <string>
struct EUBankAccount {
    std::string IBAN;
    int amount;
};
struct UKBankAccount {
    std::string sortNumber;
    std::string accountNumber;
    int amount;
};
```

② 模板函数需比较银行账户的金额。希望程序能够处理不同类型的银行账户,所以需要使用模板：

```
template <typename BankAccount>
int getMaxAmount(const BankAccount& acc1, const BankAccount& acc2) {
    //所有的银行账户都有"amount"字眼,因此可以安全地访问
    if (acc1.amount > acc2.amount) {
        return acc1.amount;
    } else {
        return acc2.amount;
    }
}
```

③ 在 main()函数中,同时调用结构体和模板函数,如下所示：

```
int main() {
    EUBankAccount euAccount1{"IBAN1", 1000};
    EUBankAccount euAccount2{"IBAN2", 2000};
    std::cout << "The greater amount between EU accounts is " << getMaxAmount(euAccount1,
    euAccount2) << std::endl;
    UKBankAccount ukAccount1{"SORT1", "ACCOUNT_NUM1", 2500};
    UKBankAccount ukAccount2{"SORT2", "ACCOUNT_NUM2", 1500};
```

```
std::cout << "The greater amount between UK accounts is " << getMaxAmount(ukAccount1,
ukAccount2) << std::endl; }
```

输出如下：

```
The greater amount between EU accounts is 2000
The greater amount between UK accounts is 2500
```

5.2.2 使用模板类型参数

正如前面所了解的，当使用模板时，编译器使用模板作为指南来生成具有某种具体类型的模板实例。这意味着可以将该类型用作具体类型，包括对其应用类型的修饰符。

前面已经学习可以使用常量修饰符使类型定义为常量。也可以使用 reference 修饰符来获取对特定类型对象的引用：

```
template <typename T>
T createFrom(const T& other) {
        return T(other);
}
```

在这里可以看到模板函数，它从对象的不同实例中创建新的对象。

由于函数不修改原始类型，因此函数希望将原始类型作为常量引用接收。因为在模板中声明了类型 T，所以在函数定义时，可以对该类型使用修饰符，使得函数可以按照更合适的方式接收参数。请注意，我们使用了该类型两次：第一次使用了修饰符；第二次不使用修饰符。

这为使用模板和编写函数提供了很大的灵活性，因为可以随意修改类型来满足我们的需要。类似地，我们在使用模板参数方面拥有很大的自由。

请看两个具有多个模板类型参数的模板：

```
template <typename A, typename B>
A transform(const B& b) {
    return A(b);
}
template <typename A, typename B>
A createFrom() {
    B factory;
    return factory.getA();
}
```

我们能够看到：可以在函数参数、返回类型中使用模板参数，或者在函数体中直接对其进行实例化。此外，模板参数声明的顺序并不影响在何处和如何使用模板参数。

5.2.3 模板参数类型的要求

在本章开头的代码片段中，我们编写了一些可以接收任何类型的模板。实际上，代码并不适用于任何类型,例如 max()要求类型支持"<"操作。可以看到代码对于数据类型有一定的要求。

让我们试着理解在 C++代码中使用模板时对类型需求的意义。请看以下模板代码:

```
template <typename Container, typename User>
void populateAccountCollection (Container& container, const User& user) {
    container.push_back(user.getAccount()); }
```

然后可以将以下函数编写为 main()函数并编译程序:

```
int main() {
    //不执行任何操作
}
```

当编译该程序时,编译成功结束,没有出现任何错误。让我们尝试将 main()函数改为:

```
int main() {
    std::string accounts;
    int user;
    populateAccountCollection(accounts, user);
}
```

当编译该程序时,编译器提示出现错误:

错误:请求"user"中的成员"getAccount",其为非类类型"const int"

请注意分析,当使用模板函数时错误是如何出现的,并且之前编译器并没有检测到该错误。这个错误告诉我们,尝试对一个整数调用 getAccount 方法,但是该整数并不支持这样的方法。

为什么编译器在编写模板时并不提醒我们? 这是因为编译器并不知道用户的类型,因此无法判断 getAccount 方法是否存在。当使用模板时,尝试生成带有两种特定类型的代码,编译器会检查这两种类型是否适合模板;如果它们并不适合,编译器就会提示我们出现错误。

在上述代码中,使用的类型并不满足模板类型的要求。不幸的是,在当前的 C++标准中,甚至是最新的 C++ 17 中,都没有简便的方法来指定代码中模板的要求,为此需要做好记录。模板有两个类型参数,可以查看每种类型的需求:

- 用户要求:用户对象必须拥有 getAccount 方法。
- 容器要求:容器对象必须拥有 push_back 方法。

当调用 getAccount()函数时,编译器会发现问题,并通知我们。

为了解决这个问题,需要声明一个合适的类,如下所示:

```
struct Account {
    //一些字段
```

```
};
class User {
    public:
        Account getAccount() const{
            return Account();   }
};
```

现在通过以下代码调用模板：

```
int main() {
    std::string accounts;
    User user;
    populateAccountCollection(accounts, user);
}
```

但是仍然会得到一个错误：

错误：调用"std::__cxx11::basic_ string <char>::push_back(Account)"时，没有匹配的调用函数

这次，错误的消息并不太清楚，但是编译器告诉我们没有接收 basic_string <char>（std::string 是它的别名）中账户的 push_back 方法。这是由于 std::string 有一个名为 push_back 的方法，但它只接收字符。因为我们使用账户调用它，所以编译失败了。因此，我们的模板需要更精确的要求：

- 用户要求：用户对象必须有返回对象的 getAccount 方法。
- 容器要求：容器对象必须有接收用户 getAccount 返回类型对象的 push_back 方法。

注意： C++标准库中的 std::vector 类型允许存储任意类型的元素序列。push_back 是一个用于在向量的末尾添加新元素的方法。

现在更改调用代码以满足所有需求：

```
# include <vector>
int main(){
    std::vector <Account> accounts;
    User user;
    populateAccountCollection(accounts, user);
}
```

这一次，代码编译成功。该过程向我们展示了编译器是如何检查大多数错误的，但是，该编译过程只在模板实例化时执行。清楚地记录模板的需求也是十分重要的，这样用户就不必阅读复杂的错误消息来理解程序没有满足哪些需求。

5.3　定义函数和类模板

在上一节中，我们看到了模板在编写抽象代码方面的优势。在本节中，我们将探索

如何在代码中有效地使用模板来编写函数模板和类模板。

5.3.1　函数模板

在本节中,我们将学习 C++ 11 中引入的使编写模板函数更容易的两个特性。这两个特性分别是尾置返回类型和 decltype。

让我们从 decltype 开始学习。decltype 是一个接受表达式并返回该表达式类型的关键字。请看代码"int x; decltype(x) y;",在该代码中,y 被声明为整数,因为使用的是表达式 x 的类型,其中 x 是 int 类型。任何表达式,即使是复杂的表达式,都可以在 decltype 中使用。例如:

```
User user;
decltype(user.getAccount()) account;
```

请看第二个特性——尾置返回类型。

可以看到,函数定义从返回类型开始,然后是函数名与参数。例如"int max(int a, int b);",从 C++ 11 开始,我们可以使用尾置返回类型:在函数签名的末尾指定返回类型。声明带有尾置返回类型的函数的语法是使用关键字 auto,后跟随函数名和参数,然后是一个箭头和返回类型。请看以下尾置返回类型的示例:

```
auto max( int a, int b) -> int;
```

这对于编写常规函数并没有好处,但对于编写模板和与 decltype 结合使用的情况十分有用。这样做是为了 decltype 可以访问函数参数中定义的变量,并且可以从中计算返回类型:

```
template <typename User>
auto getAccount(User user) - > decltype(user.getAccount());
```

如果没有尾置返回类型,就必须知道 user.getAccount() 的返回类型,才能使其作为 getAccount() 函数的返回类型。根据模板参数 User 的类型,user.getAccount() 的返回类型可能不同,这意味着 getAccount() 函数的返回类型可能会根据 User 的类型而改变。如果使用尾置返回类型,则不需要知道 user.getAccount() 的返回类型,因为其返回类型是自动确定的。更方便的是,当函数使用不同的类型时,或者用户更改了用于实例化模板类型中 getAccount 方法的返回类型时,代码将自动处理。

C++ 14 还引入了在函数声明中简单指定 auto 的能力,而不需要尾置返回类型:

```
auto max( int a, int b)
```

返回类型由编译器自动推导,要做到这一点,编译器需要查看函数的定义——我们不能前向声明返回 auto 的函数。此外,auto 总是返回一个值——它从不返回引用:在使用它时需要注意这一点,因为可能无意中创建了返回值的副本。函数模板的另一个特性是:允许在不调用函数模板的情况下引用它们。

到目前为止,我们只知道如何调用函数模板,但是 C++ 也允许将函数作为参数传递。例如：在对容器排序时，可以提供自定义的比较函数。我们知道模板只是函数的蓝图，真正的函数只会在模板实例化时创建。C++允许实例化模板函数，甚至不需要调用它。可以通过指定模板函数的名称，后续跟随模板参数来实现这一点，而不需要为调用添加参数。

请看以下示例：

```
template <typename T>
void sort(std::array <T, 5> array, bool ( * function)(const T&, const T&));
```

sort()函数接收一个包含5个元素的数组和一个用于比较两个元素的函数指针：

```
template <typename T> bool less(const T& a, const T& b) {    return a < b; }
```

为了使用整数类型的 less 模板实例调用 sort()函数，可以编写以下代码：

```
int main() {
    std::array <int, 5> array = {4,3,5,1,2};
    sort(array, &less <int> );
}
```

5.3.2　类模板

类模板的语法与函数模板的语法相同：前者为模板声明，后者为类声明。

```
template <typename T> class MyArray {
    //与前文相同
};
```

和函数一样，为了实例化类模板，需要使用尖括号包含类型列表：

```
MyArray <int> array;
```

和函数一样，类模板代码在模板实例化时生成，函数模板的限制也适用于类模板：定义需要对编译器可见，并且在模板实例化时执行部分错误检查。在编写类的主体时，类的名称有时具有特殊的含义。例如，构造函数的名称必须与类的名称匹配。同样，在编写类模板时，可以直接使用类的名称，它将指向所创建的特定模板实例：

```
template <typename T>
class MyArray {
    //没有必要使用 MyArray <T> 来引用类，MyArray 会自动引用当前模板实例
    MyArray();
    //定义当前模板 T 的析构函数
    MyArray <T> ();
    //这不是一个有效的析构函数
};
```

这使得编写模板类的方式与编写常规类相似。此外，类模板还有一个额外的好处：能够使用模板参数来使类与泛型类型一起使用。

　　与常规类一样,类模板也可以有字段和方法。字段可以依赖于模板声明的类型。让我们回顾以下示例:

```
template <typename T> class MyArray {
    T[] internal_array;
};
```

同样,在编写方法时,类可以使用类的类型参数:

```
template <typename T>
class MyArray {
    void push_back(const T& element);
};
```

　　类也可以进行模板化。其模板化方法类似于函数模板,但是类模板可以访问类实例的数据。让我们回顾以下代码示例:

```
template <typename T>
class MyArray {
    template <typename Comparator>
    void sort (const Comparator & element);
};
```

　　sort 方法将接收任何类型的数据,如果该类型满足该方法强加给该类型的所有要求,则编译器将进行编译。调用方法的语法需遵循调用函数的语法:

```
MyArray <int> array;
MyComparator comparator;
array.sort <MyComparator> (comparator);
```

　　在这些情况下,编译器有时可以推断出参数的类型,因此用户不必指定参数类型。如果方法只在类中声明,正如我们在示例中使用 sort 的情形,用户可以通过指定类和方法的模板类型来实现它:

```
template <typename T> //类模板
template <typename Comparator> //方法模板
MyArray <T> ::sort(const Comparator& element) {
    //实现代码
}
```

　　类型的名称不必匹配,但与名称保持一致是一种良好的编程习惯。与方法类似,类也可以使用模板重载操作符。其方法与为常规类编写重载操作符相同,区别在于模板的声明必须在重载声明之前,正如我们在方法模板中所看到的。最后,需要注意静态方法和静态字段如何与类模板交互。

　　需要记住,模板是为特定类型生成代码的指南。这意味着,当类模板声明一个静态成员时,该成员只在具有相同模板参数的模板实例之间共享:

```
template <typename T>
class MyArray {
    const Static int element_size = sizeof(T);
};
MyArray <int>  int_array1;
MyArray <int>  int_array2;
MyArray <std::string> string_array;
```

int_array1 和 int_array2 共享相同的静态变量 element_size,因为它们是同一类型的(MyArray <int>)。然而,string_array 有一个不同类型静态变量,因为它的类的类型是 MyArray <std::string>. MyArray <int> 和 MyArray <std::string>,即使它们是从同一个类模板生成的,也是两个不同的类,因此不能共享静态字段。

5.3.3 依赖类型

为类型定义一些公共别名是十分常见的,特别是对于与模板交互的代码。一个典型的实例是容器 value_type 的类型别名,它指定包含的类型:

```
template <typename T>
class MyArray {
    public:
        using value_type = T;
};
```

为什么要这样做? 这是因为,如果我们接收一个泛型数组作为模板参数,我们可能需要找出其包含的类型。如果接收特定类型的参数,则不会出现此问题。既然我们已经知道向量的类型,那么我们可以编写以下代码:

```
void createOneAndAppend(std::vector <int> & container) {
    int new_element{}; //我们已知该向量包含 int 类型的数据
    container.push_back(new_element);
}
```

但是,当我们接收任意提供 push_back 方法的容器时,应该如何实现这一点呢?

```
template <typename Container>
void createOneAndAppend(Container& container) {
    // new_element 应该是何种类型的数据
    container.push_back(new_element);
}
```

可以访问容器内声明的类型别名,它指定了其包含的值的类型。因此,可以使用类型别名来实例化一个新值:

```
template <typename Container>
void createOneAndAppend(Container& container) {
```

```
Container::value_type new_element;
container.push_back(new_element);
}
```

然而,不幸的是,这段代码并不能够正常编译。这是因为 value_type 是一个依赖类型。依赖类型是从模板参数中派生的类型。当编译器编译此代码时,它会注意到我们正在访问 ontainer 类中的 value_type 标识符。它可以是静态字段或类型别名。编译器无法知道何时解析模板,因为它并不知道 Container 的类型,也不知道是否存在类型别名或静态变量。因此,编译器会假设我们正在访问一个静态值。如果是这种情况,那么使用的语法是无效的,因为在编译器访问字段之后仍然有 new_element{}。

为了解决这个问题,我们在访问的类型前加上 typename 关键字,以告知编译器正在访问的类的类型:

```
template <typename Container>
void createOneAndAppend(Container& container) {
    typename Container::value_type new_element{};
    container.push_back(new_element);
}
```

任务 13:从连接中读取对象

用户正在创建一个需要通过互联网连接发送和接收当前状态的在线游戏。应用程序有几种类型的连接(TCP、UDP、套接字),每一种都拥有 readNext()方法,该方法返回一个包含 100 个字符的 std::array,其中包含连接中的数据;每一种连接还拥有 writeNext()方法,该方法接收一个包含 100 个字符的 std::array,并将数据放入连接中。

可按照以下步骤创建在线应用程序:

① 该程序希望通过连接发送和接收对象拥有 serialize()的静态方法,该方法接收对象的实例并返回一个表示该对象的 100 个字符的 std::array。

```
class UserAccount {
    public:
        static std::array <char, 100> serialize(const UserAccount& account) {
            std::cout << "the user account has been serialized" << std::endl;
            return std::array <char, 100> ();
        }
        static UserAccount deserialize(const std::array <char, 100> & blob) {
            std::cout << "the user account has been deserialized" << std::endl;
            return UserAccount();
        }
};
class TcpConnection {
    public:
```

```
            std::array <char, 100> readNext() {
                std::cout << "the data has been read" << std::endl;
                return std::array <char, 100> {};
            }
            void writeNext(const std::array <char, 100> & blob) {
                std::cout << "the data has been written" << std::endl;
            }
        };
```

② deserialize()静态方法接收一个表示对象的 100 个字符的 std::array,并从中创建一个对象。

③ 我们已经提供了连接对象。用以下声明创建头文件 connection.h:

```
template <typename Object, typename Connection>
Object readObjectFromConnection(Connection& con) {
    std::array <char, 100> data = con.readNext();
    return Object::deserialize(data);
}
```

④ 编写一个名为 readObjectFromConnection 的函数模板,该模板将连接作为唯一参数,并将从连接中读取的对象类型作为模板类型参数。该函数返回在对连接中的数据进行反序列化后构造的对象的实例。

⑤ 然后,使用 TcpConnection 类的实例调用函数,提取 UserAccount 类型的对象:

```
TcpConnection connection;
UserAccount userAccount =
readObjectFromConnection <UserAccount> (connection);
```

该程序的目的是将一个用户账户上的信息发送给其他连接到同一在线游戏的用户,这样他们就可以看到其他用户的信息,如用户名和角色级别。

任务 14:创建一个支持多种货币的用户账号

编写一个支持存储多种货币的程序。遵循以下步骤:

① 希望创建一个 Account 类,用来存储包含不同货币的账户余额。

② Currency 是用特定货币表示特定值的类。它有一个名为 value 的公共字段和一个名为 to()的模板函数,该函数接收 Currency 类型的参数,并返回该货币的实例,该实例的值由类的当前值通过适当转换确定:

```
struct Currency {
    static const int conversionRate = CurrencyConversion;
    int d_value;
    Currency(int value): d_value(value) {}
};
template <typename OtherCurrency, typename SourceCurrency>
OtherCurrency to(const SourceCurrency& source) {
```

```
    float baseValue = source.d_value / float(source.conversionRate);
    int otherCurrencyValue = int(baseValue *
OtherCurrency::conversionRate);
    return OtherCurrency(otherCurrencyValue);
}
using USD = Currency <100>;
using EUR = Currency <87>;
using GBP = Currency <78>;
template <typename Currency>
class UserAccount {
    public:
        Currency balance;
};
```

③ 我们的目标是编写一个 Account 类,通过模板参数提供的货币存储当前余额。

④ 用户账户必须提供一个名为 addToBalance 的方法,该方法可以接收任何种类的货币,在将其转换为账户使用的正确货币后,应该将其值与余额相加:

```
template <typename OtherCurrency>
    void addToBalance(OtherCurrency& other) {
        balance.value += to <Currency> (other).value;
    }
```

⑤ 用户现在了解了如何编写类模板、如何实例化以及如何调用它们的模板。

5.4　非类型模板参数

我们已经学习了模板如何允许将类型作为参数提供给程序,以及如何利用它来编写泛型代码。

C++中的模板还有另一个特性——非类型模板参数。非类型模板参数不是一个模板,而是一个数值。在使用"std::array <int, 10>;"时,我们多次使用了这种非类型模板参数。这里,第二个参数是非类型模板参数,用于表示数组的大小。

非类型模板参数的声明在模板的参数列表中,但并非同类型参数一样从 typename 关键字开始,而是从值的类型开始,后跟随标识符。对于支持作为非类型模板参数的类型有严格的限制,即它们必须是整型。

请看以下非类型模板参数声明的示例:

```
template <typename T, unsigned int size> Array {
    //实现代码
};
```

我们已经看到函数可以直接接收参数,类可以在构造函数中接收参数。此外,常规参数的类型不限于整型。模板参数和非模板参数之间的区别是什么？为什么要使用非类型模板参数而不是常规参数？

当参数对于程序是已知时，二者存在主要的区别。与所有模板参数和非模板参数一样，该值在编译时必须是已知的。当我们希望在需要计算的表达式中使用参数时，使用非类型模板参数十分有效，正如在声明数组大小时的情形。非类型模板参数的另一个优点是，编译器在编译代码时可以访问值，因此它可以在编译期间执行一些计算，减少运行时需要执行的指令数量，从而提升程序的运行速度。另外，在编译时知道一些值可以让程序执行额外的检查，这样就可以在编译程序时而不是在程序执行时发现问题。

任务 15：为游戏中的数学运算编写一个 Matrix 类

在游戏中，通常会使用一种特殊的矩阵来表示角色的方向：四元数。我们想要编写一个 Matrix 类，它将是游戏中数学运算的基础。

Matrix 类是一个模板，它可以接收一个类型、若干行以及若干列。应该将矩阵的元素存储在一个存储于类中的 std::array 内。该类有一个名为 get() 的方法，它可以接收一行和一列，并返回对该位置的元素的引用。如果行或列在矩阵之外，则应该调用 std::abort()。遵循以下步骤：

① Matrix 类接收三个模板参数——一个类型和 Matrix 类的两个维度，其中维度为 int 类型。

```
template <typename T, int R, int C>
 class Matrix {
    //存储 row_1, row_2, ..., row_C
    std::array <T, R * C> data;
    public:
        Matrix() : data({}) {}
};
```

② 创建一个 std::array，其大小为行数乘以列数，这样就有足够的空间来容纳矩阵中的所有元素。

③ 添加一个构造函数来初始化数组。

④ 向类中添加一个 get() 方法，以返回对元素 T 的引用。该方法需要获取想要访问的行和列。

⑤ 如果索引在矩阵的边界之外，则调用 std::abort()。在数组中，先存储第一行的所有元素，然后存储第二行的所有元素，依次类推。所以，当想要访问第 n 行的元素时，需要跳过前几行的所有元素，前几行的元素数目就是每行元素数（即列数）乘以行数：

```
T& get(int row, int col) {
    if (row >= R || col >= C) {
        std::abort();
    }
```

```
return data[row * C + col];
}
```

输出如下：

```
Initial matrix:
1    2
3    4
5    6
```

附加步骤：

在游戏中，矩阵乘以向量是一种常见的操作。

向类中添加一个方法，该方法接收一个 std::array，其中包含与矩阵类型相同的元素，并返回一个含乘法结果的 std::array。

附加步骤：

我们添加了一个新方法，multiply，该方法接收一个类型为 T、长度为 C 的 std::array。因为并不修改该 std::array，所以通过常量引用接收它。该函数返回一个相同类型的数组，但该数组长度为 R。根据矩阵-向量乘法的定义计算结果：

```
std::array <T, R> multiply(const std::array <T, C> & vector){
    std::array <T, R> result = {};
    for(int r = 0; r < R; r++) {
        for(int c = 0; c < C; c++) {
            result[r] += get(r, c) * vector[c];
        }
    }
    return result;
}
```

5.5   提高模板的可用性

我们总是说，需要将模板参数或类参数提供给模板函数。在本节中，将看到 C++ 中能够使模板更容易使用的两个特性。

这两个特性是默认模板参数和模板参数推导。

5.5.1   默认模板参数

与函数参数一样，模板参数也可以有默认值，包括类型和非类型模板参数。默认模板参数的语法是在模板标识符后加上等号与值：

```
template <typename MyType = int>
```

```
void foo();
```

当模板为参数提供默认值时,用户在模板实例化时不必指定参数。默认参数必须位于没有默认值的参数之后。此外,在为后续模板参数定义默认类型时,可以引用前面的模板参数。

请看一些错误或有效声明的示例:

```
template <typename T = void, typename A>
void foo();
```

错误:默认类型的模板参数 T 出现在没有默认类型的模板参数 A 前面:

```
template <typename T = A, typename A = void>
void foo();
```

错误:模板参数 T 引用了在 T 后面的模板参数 A:

```
template <typename T, typename A = T>
void foo();
```

正确:A 拥有默认值,且没有其他没有默认值的模板参数在 A 之后出现。A 还引用了在 A 之前声明的模板参数 T。

使用默认参数的原因是为模板提供一个合理的选项,但仍然允许用户在需要时提供自己的类型或值。

请看以下类型参数的示例:

```
template <typename T> struct Less {
    bool operator()(const T& a, const T& b) {
        return a < b;
    }
};
template <typename T, typename Comparator = Less <T>>
class SortedArray;
```

假设类型 SortedArray 是一个保持其元素始终排序的数组。该数组接收它应该持有的元素类型和一个比较器。为了便于用户使用,该数组将比较器设置为默认使用 less 操作符。

以下代码显示了用户如何实现该数组:

```
SortedArray <int> sortedArray1;
SortedArrat <int, Greater <int>> sortedArray2;
```

还可以看到使用默认非类型模板参数的示例:

```
template <size_t Size = 512> struct MemoryBuffer;
```

假设类型 MemoryBuffer 是一个对象,该对象在堆栈中保留一定数量的内存;然后程序将对象分配到该内存中。默认情况下,该对象使用 512 字节的内存,但用户可以指定不同的大小：

```
MemoryBuffer < > buffer1;
MemoryBuffer <1024> buffer2;
```

注意 buffer1 声明中的空尖括号。它们是用来通知编译器我们正在使用模板的。该要求在 C++ 17 中被删除了，因此可以仅编写"MemoryBuffer buffer1;"。

模板参数推导

为了实例化一个模板，需要知道所有模板参数，但并不是所有参数都需要由调用者显式提供。模板参数推导是指编译器能够自动理解用于模板实例化的一些类型，而不需要用户显式地输入它们。

因为大多数版本的 C++ 都支持这些函数，所以可以看到这些函数。C++ 17 还引入了推导指南，它允许编译器从构造函数中对类模板执行模板参数推导，但不会看到该过程。模板参数推导的详细规则是非常复杂的，所以将通过示例来理解它们。通常，编译器会尝试查找与所提供的参数最接近的匹配类型。

将分析的代码如下：

```
template <typename T>
void foo(T parameter);
```

调用代码如下：

```
foo(argument);
```

5.5.2　形参和实参类型

我们将看到如何基于不同的形参和实参对类型进行推导，如表 5.1 所列。

表 5.1　不同的形参和实参类型

	foo(1);int	int x; foo(x); int &	const int x; foo(x); const int &
void foo(T)	T＝int	T＝int	T＝int
void foo(T&)	错误	T＝int	T＝const int
void const foo(T&)	T＝int	T＝int	T＝int

错误发生的原因是不能将临时值（如 1）绑定到非常量引用。正如我们所看到的，编译器试图推断出一个类型，以便当它被参数替换时，它会尽可能地与参数匹配。编译器不能总是找到这样的类型；在这些情况下，它会警告错误，并且要求由用户提供类型。由于以下原因，编译器无法推断出类型：

参数中没有使用类型，例如如果类型仅在返回类型中使用，或仅在函数体中使用，则编译器无法推断出该类型。参数中的类型是派生类型，例如"template <typename T> void foo(T::value_type a)"。编译器无法找到类型 T 的用于调用函数的给定参数。

了解了这些规则,就可以在编写模板时推导出模板参数顺序的最佳选择:我们期望用户提供的类型需要先于推导出的类型。这是因为用户只能按照已声明的模板参数的顺序提供模板参数。

请考虑以下模板:

```
template <typename A, typename B, typename C>
C foo(A, B);
```

当调用 foo(1,2.23)时,编译器可以推导出 A 和 B,但不能推导出 C。因为我们需要所有类型,而用户必须按顺序提供它们,所以用户必须提供所有类型:

```
foo < int, double, and float > (1, 2.23);
```

假设把不能被推断的类型放在可以推断的类型之前,如以下示例所示:

```
template <typename C, typename A, typename B>
C foo(A, B);
```

可以用 foo(1,2.23)调用该函数,然后将为 C 提供需要使用的类型,并且编译器将自动推导 A 和 B。同样,需要推导默认模板参数。由于推导模板参数需要放在最后,因此需要确保将用户可能想要修改的类型放在前面,因为这将迫使他们提供所有该参数的模板参数。

任务 16:提高 Matrix 类的可用性

我们在前面的任务 15 中编写了一个 Matrix 类,该类需要提供三个模板参数。

在本任务中,我们希望通过要求用户只传递两个参数来简化类的使用:Matrix 类中的行数和列数。该类还应该采用第三个参数:Matrix 类中包含的类型。如果没有提供,则默认为 int 类型。

在前面的任务中,我们向矩阵中添加了一个 multiply 操作。现在想让用户通过指定如何执行类型之间的乘法来定制函数。默认情况下,希望使用" * "操作符。为此,<functional> 头文件中应该存在一个名为 std::multiplies 的类模板。该类模板的工作原理与之前在本章中看到的 Less 类相似:

① 从引入 <functional> 头文件开始,这样就可以访问 std::multiplies。

② 更改类模板中模板参数的顺序,使得参数按大小顺序排列。还添加了一个新的模板参数 Multiply。默认情况下,该模板参数是用于计算向量中元素之间的乘法的类型,并且其实例存储在类中。

③ 现在需要确保 multiply 方法使用用户提供的 Multiply 类型来执行乘法。

④ 为此,需要确保调用了 multiplier(operand1, operand2)而不是 operand1 * operand2,这样就可以使用存储在类中的实例:

```
std::array <T, R> multiply(const std::array <T, C> & vector) {
    std::array <T, R> result = {};
    for(int r = 0; r < R; r++) {
        for(int c = 0; c < C; c++) {
```

```
        result[r] += multiplier(get(r, c), vector[c]);
    }
}
return result;
}
```

⑤ 添加一个如何使用类的示例：

```
//创建一个 int 类型的矩阵，默认情况下，该矩阵包含"加法"操作
Matrix <3, 2, int, std::plus <int>> matrixAdd;
matrixAdd.setRow(0, {1,2});
matrixAdd.setRow(1, {3,4});
matrixAdd.setRow(2, {5,6});
    std::array <int, 2> vector = {8, 9};
    //当执行乘法时，编译器将调用 std::plus
    std::array <int, 3> result = matrixAdd.multiply(vector);
```

输出如下：

```
Initial matrix：
1 2
3 4
5 6
```

5.6 模板通用化

到目前为止，我们已经了解了编译器如何通过自动推导所使用的类型来使函数模板化更容易使用。模板代码决定将参数按值还是引用接收，并且编译器会为我们找类型。但是，如果我们并不知道一个参数是值还是引用，又该怎么办呢？

C++ 17 中的 std::invoke 就是这样一个示例。std::invoke 是一个函数，该函数接收一个函数作为第一个参数，后跟随一个参数列表，并用参数调用函数。例如："void do_action(int, float, double); double d＝1.5; std::invoke(do_action, 1, 1.2f, d);"。如果希望在调用函数之前进行记录，或者希望在不同的路线中执行函数，如 std::async，则可以应用类似的示例。用以下代码来理解两者的区别：

```
struct PrintOnCopyOrMove {
    PrintOnCopyOrMove(std::string name) : _name(name) {}
    PrintOnCopyOrMove(const PrintOnCopyOrMove& other) : _name(other._name) {
        std::cout << "Copy：" << _name << std::endl; }
    PrintOnCopyOrMove(PrintOnCopyOrMove&& other) : _name(other._name) {
        std::cout << "Move：" << _name << std::endl; }
    std::string _name;
```

```
};
void use_printoncopyormove_obj(PrintOnCopyOrMove obj) {}
```

执行如下代码：

```
PrintOnCopyOrMove local{"l-value"};
std::invoke(use_printoncopyormove_obj, local);
std::invoke(use_printoncopyormove_obj, PrintOnCopyOrMove("r-value"));
```

输出如下：

```
Copy: l-value
Move: r-value
```

如何编写一个可以适用于任何类型引用的函数，如 std::invoke（口语将是否被限定为引用称为"引用性"，类似于"常量性"如何用于讨论类型是否被常量限定）？

这个问题的答案是转发引用。

转发引用看起来像 r-值引用，但是它只适用于由编译器推导出的类型：

```
void do_action(PrintOnCopyOrMove&&) //未导出：r-值引用    template <typename T>
void do_action(T&&) //由编译器推导：转发引用
```

注意：如果在模板中看到声明了类型标识符，并且该类型由编译器推导得出且具有 &&，那么它是一个转发引用。

请看推导如何对转发引用起作用，如表 5.2 所列。

表 5.2　转发引用函数

	foo(1):int	int x;foo(x): int&	const int x; foo(x): const int&
void do_action(T&&)	T=int	T=int&	T=const int&

转发引用的优势，正如之前看到的，是可以处理任何类型的引用。当调用代码知道它可以移动的对象时，就可以利用由可移动的构造函数提供的额外性能。当一个参考被设置为优先处理时，代码也可以使用它。

此外，有些类型不支持复制，也可以将模板与这些类型一起使用。当编写模板函数的主体时，参数用作 l-值引用，并且可以编写代码忽略 T 是 l-值引用还是 r-值引用：

```
template <typename T>
 void do_action(T&& obj) { /*转发引用，但是可以像访问普通的 l-值引用一样访问 obj */
    obj.some_method();
    some_function(obj);
}
```

但是可以看到，我们不应该移动作为 l-值引用参数接收的对象，因为调用程序的代码可能在程序返回后仍然使用该对象。当使用转发引用编写模板时，将面临一个困境：类型可能是值，也可能是引用，那么如何决定是否可以使用 std::move 呢？

这是否意味着我们不能利用 std::move 带来的好处？答案当然是否定的：

```
template <typename T>
void do_action(T&& obj) {
    do_something_with_obj(???); //在调用结束后,我们并没有使用 obj
}
```

在这种情况下,是否应该进行移动操作？答案是肯定的:如果 T 是一个值,则应该移动;但如果 T 是一个引用,则不应该移动。

C++为我们提供了这样一个工具:std::forward。std::forward 是一个函数模板,该模板总是接收一个显式的模板参数和一个函数参数:std::forward <T> (obj)。forward 检查 T 的类型,如果是一个 1 -值引用,那么它简单地返回一个对 obj 的引用;但如果不是,那么它等价于对对象调用 std::move。请看该模板的操作过程:

```
template <typename T>
void do_action(T&& obj) {
    use_printoncopyormove_obj(std::forward <T> (obj)); }
```

现在使用以下函数调用模板:

```
PrintOnCopyOrMove local{"l - value"};
do_action(local);
do_action(PrintOnCopyOrMove("r - value"));
do_action(std::move(local)); //因为我们不再使用 local,所以我们可以移动
```

执行时,代码将打印以下输出:

```
Copy: l - val
Move: r - val
Move: l - val
```

我们成功地编写了无论类型是作为引用还是作为值传递都可以执行的代码,从而减少了模板类型参数上可能的需求。

注意:模板可以有许多类型参数。转发引用可以独立应用于任何类型参数。

这一点十分重要,因为模板代码的调用者可能知道值传递和引用传递哪个是更优选择,并且无论是否需要请求特定的引用性,代码都应该工作。

我们还看到了如何保持移动的优势,这是一些不支持复制的类型所需要的。这可以帮助提高代码的运行速度,即使是支持复制的类型,也不会使代码复杂化。当使用转发引用时,使用 std::forward,而不是使用 std::move。

任务 17:确保用户在对账户执行操作时已处于登录状态

我们希望允许电子商务网站的用户在他们的购物车上执行任意的操作(在该活动的范围内,他们可以添加或删除项目)。在执行任何操作之前,希望确保用户已经登录。现在按照以下步骤编写程序:

① 确保有一个 UserIdentifier 类型用于标识用户,一个 Cart 类型表示用户的购物

车,以及一个 CartItem 类型表示购物车中的任何商品:

```
struct UserIdentifier {
    int userId = 0;
};
struct Cart {
    std::vector <Item> items;
};
```

② 确保还有一个具有 bool isLoggedIn(const UserIdentifier& user)签名的函数和一个为用户检索购物车的函数 Cart getUserCart(const UserIdentifier& user):

```
bool isLoggedIn(const UserIdentifier& user) {
    return user.userId % 2 == 0;
}
Cart getUserCart(const UserIdentifier& user) {
    return Cart();
}
```

③ 在大多数代码中,只能访问用户的 UserIdentifier,并且希望确保在对购物车执行任何操作之前检查用户是否登录。

④ 为了解决这个问题,将编写一个名为 execute_ on_user_cart 的函数模板,它接收用户标识符、一个操作和一个单一参数。该函数将检查用户是否登录,如果登录,则检索他们的购物车,然后执行传递购物车和单一参数的操作:

```
template <typename Action, typename Parameter>
void execute_on_user_cart(UserIdentifier user, Action action, Parameter&& parameter) {
    if(isLoggedIn(user)) {
        Cart cart = getUserCart(user);
        action(cart, std::forward <Parameter> (parameter));
    } else {
        std::cout << "The user is not logged in" << std::endl;
    }
}
```

⑤ 要执行的操作之一是 void remove_item(Cart,CartItem)。另一个操作是 void add_items(Cart,std::vector <CartItem>):

```
void removeItem(Cart& cart, Item cartItem) {
    auto location = std::find(cart.items.begin(), cart.items.end(), cartItem);
    if (location != cart.items.end()) {
        cart.items.erase(location);
    }
    std::cout << "Item removed" << std::endl; }
void addItems(Cart& cart, std::vector <Item> items) {
```

```
cart.items.insert(cart.items.end(), items.begin(), items.end());
    std::cout << "Items added" << std::endl;
}
```

这样做的目标是创建一个函数来检查用户是否登录,这样在我们的项目中,可以使用它在用户购物车上安全地执行业务所需要的任何操作,而不会产生忘记检查用户登录状态所导致的风险。

⑥ 还可以移动非转发引用的类型:

```
template <typename Action, typename Parameter>
void execute_on_user_cart(UserIdentifier user, Action action, Parameter&& parameter) {
    if(isLoggedIn(user)) {
        Cart cart = getUserCart(user);
        action(std::move(cart), std::forward <Parameter> (parameter));
    }
}
```

⑦ execute_on_user_cart 函数与任务中描述的操作共同工作的示例如下:

```
UserIdentifier user{/* 初始化 */};
execute_on_user_cart(user, remove_item, CartItem{});
std::vector <CartItem> items = {{"Item1"}, {"Item2"}, {"Item3"}}; //可能很长
execute_on_user_cart(user, add_items, std::move(items));
```

⑧ 软件中的开发人员可以编写需要在 cart 上执行的函数,并调用 execute_on_user_cart 来安全地执行它们。

5.7 可变参数模板

我们刚刚看到了如何编写一个模板来接收任何引用类型的参数。但是在标准库中讨论的两个函数 std::invoke 和 std::async,有一个额外的属性:它们可以接收任意数量的参数。类似地,std::tuple——一个类似于 std::array 的类型,但可以包含不同类型的值——可以包含任意数量的类型。

模板如何接收任意数量、不同类型的参数呢? 在过去,这个问题的解决方案是为同一个函数提供大量的重载,或者使用多个类或结构体,每个参数对应一个类或结构体。这显然是不利于代码的维护的,因为这迫使我们多次编写相同的代码。该方案的另一个缺点是模板参数的数量有限,因此如果代码需要比提供的参数更多的参数,将无法使用该函数。

C++ 11 为解决这个问题引入了一个很好的方案:参数包。参数包是可以接收零个或多个模板参数的模板形参。参数包是通过将"…"附加到模板参数的类型中来声明的。参数包是一个适用于任何模板的功能(包含函数和类):

```
template <typename… Types>
void do_action();
template <typename… Types>
struct MyStruct;
```

具有参数包的模板称为可变参数模板,因为该模板可以接收可变数量参数。当可变参数模板实例化时,可以通过用逗号分隔参数包来提供任意数量的参数:

```
do_action <int, std:string, float>();
do_action <>();
MyStruct <> myStruct0;
MyStruct <float, int> myStruct2;
```

类型将包含模板实例化时提供的参数列表。参数包本身就是类型的列表,并且代码不能直接与之交互。可变参数模板可以通过扩展参数包来使用它,这可以通过将"…"附加到模式中来实现。

当扩展模式时,只要其参数包中包含类型,它就可以重复多次,并用逗号将其分隔。当然,要进行扩展,模式必须包含至少一个参数包。如果模式中有多个参数,或者同一个参数多次出现,则编译器会同时展开它们。最简单的模式是参数包的名称"Types…"。

例如让一个函数接收多个参数,该函数会在函数参数中扩展参数包:

```
template <typename… MyTypes>
void do_action(MyTypes… my_types);
do_action();
do_action(1, 2, 4.5, 3.5f);
```

当调用该函数时,编译器会自动推断参数包的类型。在最后一个调用中,MyTypes 将包含 int、double 和 float 类型,生成的函数签名是 void do_action(int __p0, int __p1, double __p2, float __p3)。

注意:模板参数列表中的参数包只能后续跟随具有默认值或由编译器推导出的模板参数。在大多数情况下,参数包是模板参数列表中的最后一项。

函数参数 my_types 被称为函数参数包,并且也需要进行扩展,以便能够访问单一参数。

例如编写一个可变参数结构体:

```
template <typename… Ts>
struct Variadic {
    Variadic(Ts… arguments);
};
```

编写一个创建该结构体的函数:

```
template <typename… Ts>
```

```
Variadic <Ts…> make_variadic(Ts… args) {
    return Variadic <Ts…> (args…);
}
```

这里有一个可变参数函数,其接收一个参数包,并在调用另一个可变参数结构体的构造函数时对其进行扩展。

函数参数包(即函数可变参数)只能在某些特定位置展开——最常见的是在调用函数时作为参数展开。模板参数包是一个类型可变参数,可以在模板参数列表中展开:模板实例化时"< >"之间的参数列表。正如前面提到的,扩展的模式可能比参数的名称更为复杂。

例如可以访问在类型中声明的类型别名,或者可以调用参数上的函数:

```
template <typename… Containers>
std::tuple <typename Containers::value_type…>
get_front(Containers… containers) {
    return std::tuple <typename Containers::value_type…>
            (containers.front()…);
}
```

也可以这样调用它:

```
std::vector <int> int_vector = {1};
std::vector <double> double_vector = {2.0};
std::vector <float> float_vector = {3.0f}; get_front(int_vector, double_vector, float_
vector) //返回包含 {1, 2.0, 3.0}的元组 <int, double, float>
```

或者也可以将形参作为实参传递给一个函数:

```
template <typename… Ts>
void modify_and_call (Ts… args) {
    do_things(modify (args)…));
}
```

这将为每个参数调用 modify()函数,并将结果传递给 do_things。

在本节中,我们了解了 C++的可变参数功能如何允许编写可以使用任意数量、任意类型参数的函数和类。虽然编写可变参数模板并不是一项常见的日常任务,但几乎每个程序员在日常编码中都会使用到可变参数模板,因为它能够使我们更容易编写较为抽象的代码,而且标准库中大量使用了可变参数模板。此外,在适当的情况下,可变参数模板允许我们编写表达性更强的代码,这些代码可以在不同情况下工作。

任务 18:使用任意数量的参数安全地执行用户购物车上的操作

在前面的任务中,编写了一个函数 execute_on_user_cart(),该函数允许执行带有 Cart 类型对象和单一参数的任意函数。在该任务中,希望通过允许任何接收 Cart 类型对象和任意数量参数的函数来扩展支持在用户购物车上执行的动作类型。

① 展开前面的任务来接收任意数量,具有任何引用类型的参数,并将其传递给所

提供的操作。

② 编写可变参数模板并学习如何扩展它们：

```
template <typename Action, typename... Parameters>
void execute_on_user_cart(UserIdentifier user, Action action,
Parameters&&... parameters) {
    if(isLoggedIn(user)) {
        Cart cart = getUserCart(user);
        action(std::move(cart), std::forward <Parameters> (parameters)...);
    }
}
```

5.8 编写易读的模板

到目前为止,我们已经学习了许多可以用来编写强大模板的特性,这些特性允许针对特定问题创建更为高级抽象的代码。但是,代码通常更多地用于读,而非写,因此我们应该优化代码的可读性:代码应该表达代码的功能,而不是操作的实现过程。模板代码有时会使这种情况难以实现,但是可以使用一些方法来解决这个问题。

5.8.1 类型别名

类型别名允许用户为类型指定名称,通过使用"name＝type"进行声明。在声明之后,凡是使用了名称的地方都等同于使用了类型。

该功能是十分强大的,其原因如下:

● 它可以为复杂类型提供更短、更有意义的名称;

● 它可以声明一个嵌套类型来简化对它的访问;

● 它允许我们避免在依赖类型前指定 typename 关键字。

请看以下示例:

① 假设有一个类型 UserAccount,该类型包含用户上的几个字段,例如用户 ID、用户余额、用户电子邮件等。我们希望基于用户的账户余额,将账户记录到一个高分牌中,用来查看哪些用户更积极地使用我们的服务。为了实现此操纵,可以使用需要几个参数的数据结构:需要存储的类型、对类型排序的方式、比较类型的方式以及其他可能的参数。

类型可以如下所示:

```
template <typename T, typename Comparison = Less <T> , typename Equality = Equal <T>>
class SortedContainer;
```

为了易于使用,模板使用"＜"和"＝"操作符,为 Comparison 和 Equality 提供默认值,但是 UserAccount 类型无法实现"＜"操作符,因为并没有明确的命令,并且该

"="操作符并不执行我们期望的操作,因为我们只对比较余额感兴趣。为了解决这个问题,我们构建了两个结构来提供需要的功能:

```
SortedContainer <UserAccount, UserAccountBalanceCompare,
UserAccountBalanceEqual> highScoreBoard;
```

创建一个高分牌是冗长的。使用类型别名,可以编写如下代码:

```
using HighScoreBoard = SortedContainer <UserAccount, UserAccountBalanceCompare, UserAc-
countBalanceEqual> ;
```

接下来,可以直接创建 HighScoreBoard 的实例,只需少量输入代码并清楚地指定意图:

```
HighScoreBoard highScoreBoard;
```

如果我们想要改变对账户排序的方式,还需更新一个地方。例如:如果我们还想考虑用户在服务中注册了多长时间,则需要更改比较方式。类型别名的每个用户都将被更新,因此可以避免忘记更新某个位置的风险。此外,我们显然需要一个位置来记录决定选择的类型。

注意:在使用类型别名时,需要给出一个表示类型用途的名称,而不是它是如何工作的。UserAccountSortedContainerByBalance 并不是一个很好的名字,因为它告诉我们类型是如何工作的,而不是它的目的。

② 第二种情况对于允许代码内省类的情况十分有用,即查看类的一些细节:

```
template <typename T>
class SortedContainer {
    public:
        T& front() const;
};
template <typename T>
class ReversedContainer {
    public:
        T& front() const;
}
```

我们有几个大多支持相同操作的容器。希望编写一个能够接收任何容器并返回第一个元素的模板函数"front:template < typename Container > ??? get_front (const Container& container);",应该如何知道返回的类型?

常见的方法是在类中添加类型别名,如下所示:

```
template <typename T>
class SortedContainer {
    using value_type = T; //类型别名
    T& front() const;
```

```
};
```

现在函数可以访问包含元素的类型：

```
template <typename Container>
typename Container::value_type& get_front(const Container& container);
```

注意：请记住，value_type 依赖于 Container 类型，因此它是一个依赖类型。当使用依赖类型时，必须在前面使用 typename 关键字。这样，代码就可以处理声明嵌套类型 value_type 的任何类型。

③ 第三个示例，即避免重复输入 typename 关键字，在与遵循上述方法的代码交互时十分常见。例如我们拥有一个接收类型的类：

```
template <typename Container>
class ContainerWrapper {
    using value_type = typename Container::value_type;
}
```

在类的其余部分中，可以直接使用 value_type，而不必再输入 typename。这让我们避免了很多重复。

这三种技巧也可以结合使用。例如可以编写以下代码：

```
template <typename T>
class MyObjectWrapper {
    using special_type = MyObject <typename T::value_type> ;
};
```

5.8.2　模板类型别名

正如本章 5.7 节所述，创建类型别名的能力对于提高代码的可读性非常有用。

C++使我们能够定义泛型类型别名，以便代码的用户可以简单地重复使用它们。模板别名是生成别名的模板。和我们在本章看到的所有模板一样，模板别名以模板声明开始，后跟随别名声明，模板别名取决于模板中声明的类型：

```
template <typename Container>
using ValueType = typename Container::value_type;
```

ValueType 是一个模板别名，可以用常用的模板语法实例化该模板别名：

```
ValueType <SortedContainer> myValue;.
```

这允许代码在需要访问任何容器内的 value_type 类型时只使用别名 ValueType。模板别名包含模板的所有特性：可以接收多个参数、接收非类型参数，甚至使用参数包。

5.9　总　结

在本章中,我们学习了 C++中的模板。可以看到,模板的存在是为了创建高级抽象的代码,这些抽象代码独立于对象的类型工作,并且在运行时的开销为零。解释了类型需求的概念:类型必须满足与模板正确工作的需求。然后,学习了如何编写函数模板和类模板,同时也了解了依赖类型,从而帮助我们能够更好地理解在编写模板代码时发生的一类错误。

接下来,我们学习使用了模板参数推导,进而了解了模板如何使用非类型参数,以及如何通过提供默认模板参数使模板更容易使用。还了解了如何使用转发引用、std::forward 和模板参数包来编写更通用的模板。最后,学习了一些可以使模板更易于阅读和维护的工具。

在第 6 章中,我们将学习标准库容器和算法。

第6章 标准库容器和算法

6.1 引　言

    C++的核心是标准模板库(STL),该模板库代表了一系列重要的数据结构和算法,有助于程序员完成任务并提高代码效率。STL 的组件是参数化的,以便我们可以不同的方式重新使用和组合它们。STL 主要由容器类、迭代器和算法组成。

    容器是存储某种类型的元素集合。通常,容器的类型是一个模板参数,并允许同一个容器类支持任意元素。C++中有多种的容器类,并且都具有不同的特征和特性。

    迭代器用于遍历容器的元素。迭代器为程序员提供了访问不同类型容器的简单而通用的接口。迭代器类似于原始指针,它也可以使用递增和递减操作符迭代元素,或者使用解除引用操作符(＊)访问特定的元素。

    算法是对存储在容器中的元素执行的标准操作。因为算法的接口对所有容器都是通用的,所以它可以使用迭代器遍历集合,因此算法无需知道它所操作的容器的具体内容。算法将函数视为由程序员提供的参数,以便在执行操作时能够更加灵活地使用函数。我们通常可以看到,算法应用于用户定义类型的对象的容器。该算法要正确执行,就需清楚如何对对象进行详细的处理。因此,程序员需要向算法提供函数来指定需对对象执行的操作。

6.2 顺序容器

    顺序容器,有时也称为序列容器,是一类特殊的容器,其中元素的存储顺序由程序员决定,而不是由元素的值决定。每个元素都有一个独立于其值的特定位置。STL 包含 5 个顺序容器类,如表 6.1 所列。

表 6.1　顺序容器类及其描述

顺序容器	描　述
数组	固定大小的数组 快速随机存取 没有添加和删除操作

续表 6.1

顺序容器	描　述
向量	可变大小的数组 快速随机存取 支持添加和删除操作 追加速度快,但在给定位置插入元素慢
双端队列	双端队列 快速随机存取 只能在队列的首尾执行插入和删除操作
单向链表	单项连接的链表 按前向顺序访问 插入和删除操作速度快
双向链表	双向连接的链表 双向均可按顺序访问 插入和删除操作速度快

6.2.1　数　组

数组容器是连续元素的固定大小的数据结构,如图 6.1 所示。数组的大小需要在编译时指定。一旦定义数组,数组的大小就不能更改。在创建数组时,数组中包含的元素在内存中相互初始化。虽然不能添加或删除元素,但可以修改它们的值。

数组

图 6.1　数组元素存储在连续内存中

可以使用带有相应元素索引的访问操作符随机访问数组。要访问位于给定位置的元素,可以使用操作符[]或 at()成员函数。前者不执行任何范围的检查,而后者在索引超出范围时会警告异常。此外,可以使用 front()和 back()成员函数来访问第一个和最后一个元素。

这些操作运行速度很快:由于元素是连续的,可以计算给定数组中位置的元素在内存中的位置,并直接访问它。可以使用 size()成员函数来获得数组的大小;使用 empty()函数来检查容器是否为空,如果 size()为 0,则返回真。数组类定义在<array>头文件中,因此,在使用前程序必须引入该头文件。

6.2.2　向　量

向量容器是一个连续元素的数据结构,如图 6.2 所示,其大小可以动态修改,因此不需要在创建时指定其大小。向量类定义在 <vector> 头文件中。

向量将它所包含的元素存储在内存的单个部分中。通常,内存有足够的空间容纳

图 6.2　向量元素是连续的,向量大小可以动态增长

比向量中存储元素数量更多的元素。当向向量添加新元素时,如果内存中有足够的空间,则将元素添加到向量中的最后一个元素之后。如果没有足够的空间,则向量将获得一个新的、更大的内存空间,并将所有现有元素复制到新的内存空间,然后删除旧的内存空间。在我们看来,内存似乎变大了,向量的内存分配过程如图 6.3 所示。

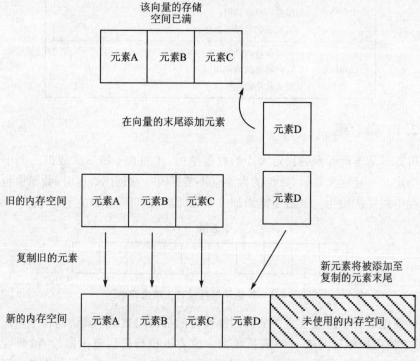

图 6.3　向量的内存分配过程

　　当创建向量时,该向量为空。向量的大多数接口与数组的类似,但有一定区别。可以使用 push_back()函数追加元素,也可以使用 insert()函数将元素插入到通用位置。可以使用 pop_back()删除最后一个元素或使用 erase()函数删除通用位置的元素。添加或删除最后一个元素是快速的,而插入或删除向量中的其他元素则是缓慢的,因为它需要移动所有元素来为新元素腾出空间,并且保持所有元素的连续性,如图 6.4 所示。

　　与数组一样,向量允许对随机位置的元素进行有效访问。可以使用 size()成员函数来检索向量的大小,但是不应该将其与 capacity()相混淆。前者是向量中元素的实际数量,后者返回可以插入到当前内存区段中的元素的最大数量。

　　例如,在前面的图中,最初数组的大小为 4,容量为 8。因此,即使一个元素必须向

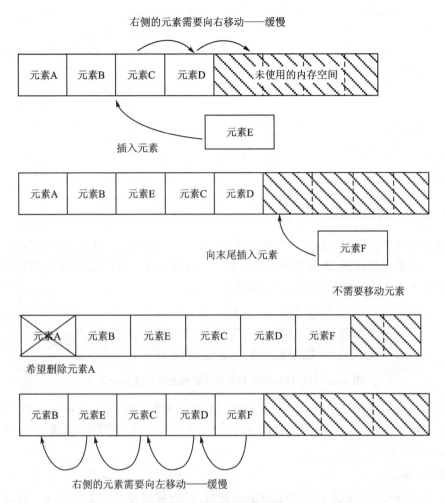

图 6.4 在向量插入或删除元素时元素的移动过程

右移动,这个向量的容量也不会改变,因为我们并不需要一个新的、更大的内存来存储这些元素。

获取新内存段的操作称为重新分配。由于重新分配被认为是一种昂贵的操作,因此可以使用 reserve()成员函数扩大向量的容量,从而为给定数量的元素保留足够的内存。还可以使用 shrink_to_fit()函数减少向量的容量以适应元素的数量,从而释放不再需要的内存。

请看以下示例来理解在 C++中 vector::front()和 vector::back()的工作原理:

```
# include <iostream>
# include <vector>                    //引入向量库
int main() {
    std::vector <int> myvector;
    myvector.push_back(100);         //向量的第一个和最后一个元素都包含数值 100
```

```
myvector.push_back(10);                    //现在向量的最后一个元素包含数值 10,而第
                                           //一个元素包含数值 100
myvector.front() -= myvector.back();       //用最后一个元素的值减去第一个元素的值
std::cout << "Front of the vector:" << myvector.front() << std::endl;
std::cout << "Back of the vector:" << myvector.back() << std::endl;
}
```

输出如下:

```
Front of the vector: 90
Back of the vector: 10
```

6.2.3　双端队列

双端队列容器(读作 deck)是"双头队列"的缩写。与向量一样,它允许快速、直接地访问双端队列的元素,并在后面快速地插入和删除元素。与向量不同,双端队列也允许快速插入和删除在最前面的元素,如图 6.5 所示。

双端队列

图 6.5　可以在双端队列的起始和终点添加或删除元素

双端队列类定义在 <deque> 头文件中。双端队列通常比向量需要更多的内存,并且向量访问元素和 push_back 的性能更好,所以除非需要在前面插入元素,否则向量通常是首选。

双向链表

双向链表容器是由不相邻元素组成的数据结构,其长度可以动态增加。双向链表类定义在 <list> 头文件中。双向链表中的每个元素都有自己的内存段,以及与其前后元素相连的链接,如图 6.6 所示。包含元素的结构称为节点。

双向链表

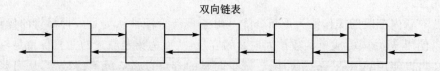

图 6.6　双向链表的元素存储在内存中的不同位置,并且具有相连的链接

当一个元素插入到双向链表中时,需要更新前一个节点,以便它的后继链接指向新元素。类似地,后续节点也需要更新,以便其前驱链接指向新元素,如图 6.7 所示。

当删除双向链表中元素时,需要更新前一个节点的后继链接,以指向被删除节点的后续节点。类似地,还需要更新后续节点的前驱链接以指向已删除节点的前一个节点。

在图 6.7 中,如果要删除 C,就必须更新 A 的后继链接以指向 C 的后续节点(B),并且更新 B 的前驱链接以指向 C 的前一个节点(A)。

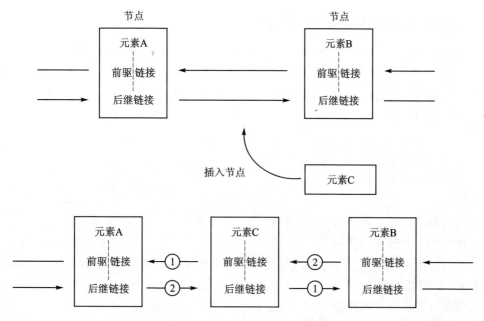

图 6.7　C 被插入到 A 和 B 之间

与向量不同,双向链表不允许随机访问。元素的访问是按照元素链的线性顺序进行的:从第一个节点开始,可以沿着后继链接查找下一个节点,或者从最后一个节点开始,可以沿着前驱链接查找前一个节点,直到需求的元素为止。

双向链表的优点是,如果已知想要插入或删除的节点,那么在任何位置插入和删除都是快速的。但是,这样做的缺点是到达特定节点的速度很慢。

双向链表的接口类似于向量,只是双向链表并不提供操作符[]。

6.2.4　单向链表

单向链表容器与双向链表容器类似,不同之处在于单向链表的节点只有指向后续节点的链接。因此,我们无法在单向链表上以向前的顺序迭代,如图 6.8 所示。

单向链表

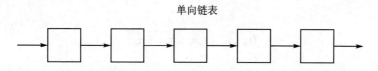

图 6.8　单向链表元素类似于双向链表元素,但通常只有单向连接的链接

通常,单向链表类定义在 <forward_list> 头文件中。单向链表类甚至不提供 push_back() 或 size()。在单向链表中,使用 insert_after() 来插入元素,该函数是 insert() 函数的变体,用于将新元素插入到提供位置的后面。同样的思想也适用于元素删除,使用 erase_after() 来删除元素,该函数能够删除提供位置之后的元素。

6.2.5　为顺序容器提供初始值

我们看到的所有顺序容器在第一次创建时都为空。当希望创建包含某些元素的容器时,可以为每个元素调用 push_back()或 insert()函数。幸运的是,所有容器在创建时都可以同时初始化一系列元素。序列必须用花括号提供,元素需由逗号分隔。

初始化列表如下:

```
# include <vector> int main() {
    //用三个数值初始化向量
    std::vector <int> numbers = {1, 2, 3};
}
```

这适用于在本章中看到的任何容器。

任务 19:存储用户账户

我们希望存储 10 个用户的账户余额,账户余额存储为一个 int 实例。账户余额从 0 开始。然后希望将第一个和最后一个用户的余额增加 100。

按照以下步骤完成任务:

① 引入数组类的头文件。

② 声明一个包含 10 个元素的整数数组。

③ 使用 for 循环初始化数组。使用计算数组大小的操作符 size()和访问数组每个位置的操作符[]。

④ 更新第一个和最后一个用户的值。

也可以使用向量完成该任务:

① 引入向量类的头文件。

② 声明一个整数类型的向量,保留内存以存储 100 个用户,并调整其大小使其能够包含 10 个用户。

③ 使用 for 循环初始化向量。

通过本任务,我们了解了如何存储任意数量的账户。

6.3　关联容器

关联容器是允许快速查找元素的容器。此外,关联容器中的元素总是按排序的顺序保存。顺序由元素的值和一个比较函数决定。比较函数称为比较器,默认情况下是操作符“<”,不过用户可以提供一个仿函数(函数对象)作为参数来指定应该如何比较元素。<functional>头文件中包含许多可以用于对关联容器进行排序的对象,如 std::less 或 std::less。关联容器及其描述如表 6.2 所列。

通常,关联容器作为二叉树的变体执行的,通过利用底层结构的对数复杂度提供快速的元素查找。

表 6.2 关联容器及其描述

关联容器	描述
集合	容器中的元素根据其值进行排序,元素的值互不相同
多元集合	与集合相同,但元素的值允许重复
映射	容器中的元素被映射为关键字/值对,并根据关键字的值进行排序,元素的关键字互不相同
多元映射	与映射相同,但关键字允许重复

6.3.1 集合与多元集合

集合是包含一组唯一的已排序元素的容器。多元集合与集合类似,但它允许元素重复出现,如图 6.9 所示。

集合/多元集合

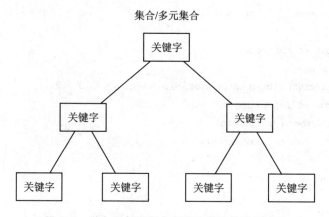

图 6.9 集合和多元集合存储一组已排序的元素

集合和多元集合具有 size()和 empty()函数成员,用于检查包含的元素数目以及是否包含元素。使用 insert()和 erase()函数插入和删除元素。因为元素的顺序是由比较器决定的,所以它们不像顺序容器那样采用位置参数。插入和删除元素的执行速度都很快。

由于集合针对元素查找进行了优化,因此它们提供了特殊的搜索函数。find()函数的作用是:返回与所提供的值相等的第一个元素的位置,或者当没有找到该元素时,返回超过该集合末尾的位置。当使用 find 查找一个元素时,应该始终将它与在容器上调用 end()的结果进行比较,以检查是否找到该元素。

请看以下代码:

```
# include <iostream> # include <set> int main() {
    std::set <int> numbers;
    numbers.insert(10);
    if (numbers.find(10) != numbers.end()) {
```

```
        std::cout << "10 is in numbers" << std::endl;
    }
}
```

最后,count()返回与提供的值相等的元素数量。

集合和多元集合类定义在<set>头文件中。

自定义比较器的示例如下:

```
# include <iostream>
# include <set>
# include <functional>
int main() {
    std::set <int> ascending = {5,3,4,2,1};
    std::cout << "Ascending numbers:";
    for(int number : ascending) {
        std::cout << " " << number;
    }
    std::cout << std::endl;

    std::set <int, std::greater <int>> descending = {5,3,4,2,1};
    std::cout << "Descending numbers:";
    for(int number : descending) {
        std::cout << " " << number;
    }
    std::cout << std::endl;
}
```

输出如下:

```
Ascending numbers: 1 2 3 4 5
Descending numbers: 5 4 3 2 1
```

6.3.2 映射与多重映射

映射与多重映射是作为元素管理关键字/值对的容器。元素根据提供的比较器自动排序,并应用于关键字,值并不影响元素的顺序,如图 6.10 所示。

映射允许将单个值关联到一个关键字,而多元映射允许将多个值关联到同一个关键字。

映射与多元映射类定义在<map>头文件中。可以调用 insert()将值插入到映射中,需要提供包含关键字和值的对。在本章的后续内容中,将学习更多关于对的内容。该函数还返回一个对,其中包含插入元素的位置;如果插入了元素,则返回一个布尔值,设置为真;如果已经存在具有相同关键字的元素,则返回假。将值插入到映射后,可以使用几种不同的方法来查找映射中的关键字/值对。

映射/多元映射

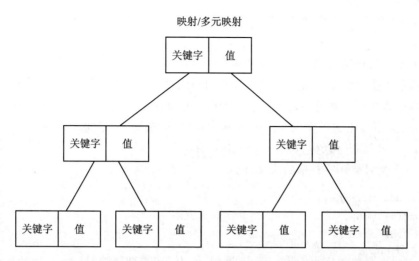

图 6.10　映射和多元映射存储一组已排序的关键字,这些关键字与值相互关联

与集合类似,映射提供了一个 find() 函数,该函数在映射中查找关键字并返回关键字/值对的位置(如果存在),或者返回与调用 end() 相同的结果。从该位置出发,可以先访问 position—> first 的关键字,然后访问 position—> second 的值:

```
# include <iostream>
# include <string> # include <map>
int main() {
    std::map <int, std::string> map;
    map. insert(std::make_pair(1, "some text"));
    auto position = map. find(1);
    if (position != map. end() ) {
        std::cout << "Found! The key is " << position—> first << ", the value is " << position—> second << std::endl;
    }
}
```

从关键字访问值的另一种方法是使用 at(),该函数接收关键字并返回相关联的值。如果没有关联值,at() 会警告异常。

最后一种获取与关键字相关联的值的方法是使用操作符"[ ]"。操作符"[ ]"返回与关键字相关联的值,如果关键字不存在,该函数将使用所提供的关键字插入一个新的关键字/值对,以及该值的默认值。因为操作符"[ ]"可以通过插入元素来修改映射,所以不能对常量映射上使用操作符"[ ]":

```
# include <iostream> # include <map> int main() {
    std::map <int, int> map;
    std::cout << "We ask for a key which does not exists: it is default inserted: " << map
    [10] << std::endl;
    map. at(10) += 100;
```

```
std::cout << "Now the value is present：" << map.find(10) - > second << std::endl;
}
```

任务 20：通过给定的用户名检索用户的余额

我们希望能够快速检索给定用户名的用户余额。为了快速从用户名检索余额，首先将余额存储在一个映射中，并使用用户名作为关键字。用户名为 std::string 类型，余额为 int 类型。添加用户 Alice、Bob 和 Charlie 的余额，设定每个余额为 50；然后检查用户 Donald 是否有余额；最后打印 Alice 的账户余额。

① 引入映射类和字符串的头文件：

```
# include <string>
# include <map>
# include <string>
```

② 创建一个关键字为 std::string 类型、值为 int 类型的映射。

③ 使用 insert 和 std::make_ pair 插入映射内的用户余额。第一个参数是 key，第二个参数是 value：

```
balances.insert(std::make_pair("Alice",50));
```

④ 使用 find()函数，提供用户名来查找账户在映射中的位置，并将其结果与 end()进行比较，以检查是否存在检索的位置。

⑤ 现在寻找 Alice 的余额。因为已知 Alice 有一个账户，所以不需要检查是否找到了一个有效的位置。可以使用 - > second 打印账户的值：

```
auto alicePosition = balances.find("Alice");
std::cout << "Alice balance is：" << alicePosition - > second << std::endl;
```

6.4　无序容器

无序关联容器与关联容器的不同之处在于，其元素没有规定的顺序。在视觉上，无序容器通常被想象成元素的袋子。由于元素没有排序，无序容器不接收比较器对象来为元素提供顺序。另一方面，所有的无序容器都依赖于一个散列函数。用户可以提供一个仿函数（函数对象）作为参数来指定关键字应该如何服从散列。无序容器及其描述如表 6.3 所列。

通常，无序容器是作为散列表实现的。数组中的位置是使用散列函数确定的，该函数给定一个值，并返回该值应该存储的位置。理想情况下，大多数元素将被映射到不同的位置，但是散列函数可能会为不同的元素返回相同的位置，称这种情况为碰撞。为了解决这个问题，可以使用链表将映射到相同位置的元素链起来，从而可以将多个元素存储在相同的位置。我们将存在多个元素的位置称为桶。

表 6.3   无序容器及其描述

无序容器	描　　述
无序集合	容器内的元素无序排列;元素的值互不相同
无序多元集合	与无序集合相同,但元素的值允许重复
无序映射	容器内的元素为无序排列的关键字/值对;元素的关键字互不相同
无序多元映射	与无序映射相同,但关键字允许重复

通过使用散列表来实现无序容器可以让我们在常量时间复杂度下找到特定值的元素,该方法查找元素的速度比使用关联容器更快。图 6.11 所示为桶中的元素被存储为列表的节点。

无序集合/多元集合

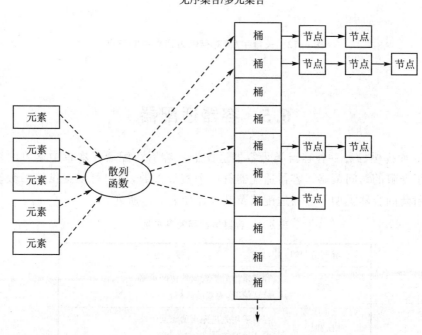

图 6.11   桶中的元素被存储为列表的节点

向映射中添加关键字/值对时,编译器将计算关键字/值对的散列值,以决定将关键字/值对添加到哪个桶中,如图 6.12 所示。

无序关联容器和有序关联容器提供了相同的功能。在 6.3 节中,我们解释的功能也适用于无序关联容器。当元素的顺序并不重要时,使用无序关联容器可以获得更好的性能。

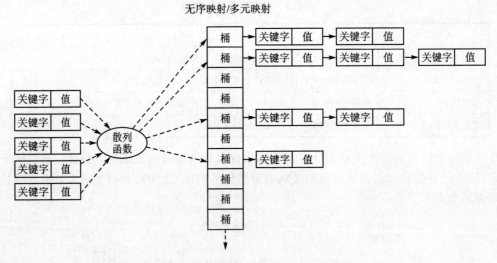

图 6.12 关键字/值对存储为列表中的节点

6.5 容器适配器

STL 库提供的另一种容器类是容器适配器。容器适配器在本章中学习的容器之上提供了受限的访问策略。容器适配器有一个模板参数,用户可以提供该参数模板来指定要封装的容器类型。容器适配器及其描述如表 6.4 所列。

表 6.4 容器适配器及其描述

容器适配器	描 述
堆栈	容器采用后进先出的访问策略。 默认情况,为双端队列
队列	容器采用先进先出的访问策略。 默认情况下,为双端队列
优先队列	容器中的元素具有相关联的优先性; 容器作为双端队列访问, 下一个访问的元素具有最高的优先性。 默认情况下,为向量

6.5.1 堆 栈

堆栈容器实现了后进先出的访问策略。堆栈中的元素实际上是一个叠在另一个的上面,这样最后插入的元素总是在上面。我们只能从顶部读取或删除元素,因此最后插入的元素是第一个被删除的元素。堆栈是使用顺序容器类实现的,该顺序容器用于存储所有元素并模拟堆栈行为。

堆栈数据结构的访问模式主要通过三个核心成员函数来实现：push()、top()和 pop()。push()函数用于向堆栈中插入一个元素；top()函数用于访问堆栈顶部的元素；pop()函数用于删除堆栈顶部的元素。堆栈类定义在 <stack> 头文件中。

6.5.2 队 列

队列类实现了先进先出的访问策略。队列中的元素依次进入队列，因此，在前面插入的元素位于在后面插入的元素之前。我们向队列末尾插入元素，并从队列首段删除元素。队列数据结构的接口由 push()、front()、back()和 pop()成员函数组成。

push()函数用于将一个元素插入到 queue()中；front()和 back()分别返回队列的下一个和最后一个元素；pop()用于从队列中删除下一个元素。队列类定义在 <queue> 头文件中。

6.5.3 优先队列

优先队列是按照元素的优先级降序访问元素(最高优先级优先)的队列。该接口类似于普通队列，其中 push()用于插入一个新元素，top()和 pop()用于访问并删除下一个元素。区别在于确定下一个元素的方式。在优先队列中，并非按照插入元素的顺序，而是按照优先级的高低。

默认情况下，使用操作符"<"比较元素来计算元素的优先级，因此较小的元素会出现在较大的元素后面。也可以提供用户定义的排序条件，以指定如何根据元素在队列中的优先级对元素进行排序。优先级队列类也定义在 <queue> 头文件中。

任务 21：按顺序处理用户注册

当用户在网站进行注册时，我们需要在一天结束时处理注册表单。希望按与注册顺序相反的顺序办理注册：

① 假设已经为注册表单提供了类：

```
struct RegistrationForm {
    std::string userName;
};
```

② 创建一个堆栈来存储用户。

③ 希望在用户注册时存储用户注册表单，并在一天结束时处理注册。处理表单的功能如下：

```
void processRegistration(RegistrationForm form) {
    std::cout << "Processing form for user: " << form.userName << std::endl;
}
```

④ 此外，在用户注册时我们已经调用了两个函数。

⑤ 在以下两个函数中填充代码来存储和处理用户表单：

```
void storeRegistrationForm(std::stack <RegistrationForm> & stack,
RegistrationForm form) {
}
void endOfDayRegistrationProcessing(std::stack <RegistrationForm> & stack) { }
```

可以看到,注册的表单将以用户注册相反的顺序进行处理。

6.6　非常规容器

到目前为止,我们已经学习了用于存储相同类型元素组的容器。C++标准还定义了一些其他类型,这些类型可以包含类型,但是提供了与容器不同的一组功能。这些类型如下:

- 字符串类型;
- 对和元组类型;
- 可选类型;
- 变体类型。

6.6.1　字符串类型

字符串是一种用于操作连续字符的可变序列的数据结构。C++字符串类是 STL 容器:它们的行为类似于向量,但是提供了额外的功能,使程序员能够轻松地执行字符序列的常见操作。在标准库中有不同的字符串实现代码,它们对于不同长度的字符集十分有用,如 string、wstring、u16string 和 u32string。这些代码都是 basic_string 基类的特化形式,并且都具有相同的接口。

最常用的类型是 std::string。字符串的所有类型和函数都定义在 <string> 头文件中。可以使用 data()或 c_str()函数将字符串转换为以 null 结尾的字符串,该字符串是一个以特殊的空字符(用"\0"表示)结尾的字符数组。null 终止字符串,也称为 C-字符串,是一种 C 语言中表示字符序列的方式,通常在程序需要与 C 库相互操作时使用。该字符串用 const char ＊类型表示,是程序中文本字符串类型。

练习:演示 c_str( )函数的工作机制

请看以下代码来理解 c_str()函数的工作机制。

① 首先引入所需的头文件,如下所示:

```
# include <iostream>
# include <string>
```

② 在 main()函数中添加一个常量 char 型变量 charString,容量为 8 个字符:

```
int main()
{
    //构造一个明确表示 null 终止符的 C-字符串    const char charString[8] = {'C', '+',
```

```
// '+', ' ', '1', '0', '1', '\0'};
//从文本字符串中构造 C-字符串。编译器会自动在末尾添加"\0"
const char * literalString = "C + + Fundamentals";
//字符串可以由文本字符串构造
std::string strString = literalString;
```

③ 使用 c_str()函数并将 strString 的值赋给 charString2：

```
const char * charString2 = strString.c_str();
```

④ 使用打印函数打印 charString 和 charString2：

```
std::cout << charString << std::endl;
std::cout << charString2 << std::endl;
}
```

输出如下：

```
Output:
C + + 101
C + + Fundamentals
```

对于向量而言，字符串有 size()、empty()和 capacity()成员函数，但是还有一个名为 length()的附加函数，该函数只是 size()的别名。

字符串可以通过操作符"[ ]"或 at()、front()和 back()成员函数逐字符访问：

```
std::string chapter = "We are learning about strings"; std::cout << "Length: " << chapter.
length() << ", the second character is " << chapter[1] << std::endl;
```

C++为字符串提供了常用的比较运算符，从而简化了比较两个字符串对象的方式。由于字符串类似于向量，可以从字符串中添加或删除字符。通过调用 clear()或 erase()函数，可以将字符串赋值为空。请看以下代码来理解 clear()和 erase()函数的用法：

```
# include <iostream>
# include <string>
int main() {
    std::string str = "C + + Fundamentals.";
    std::cout << str << std::endl;
    str.erase(5,10);
    std::cout << "Erased: " << str << std::endl;
    str.clear();
    std::cout << "Cleared: " << str << std::endl;
}
```

输出如下：

```
C + + Fundamentals.
```

Erased: C++ Fs. Cleared:

C++还提供了许多将字符串转换为数值的函数,反之亦然。例如,stoi()和 stod()函数(分别表示 string - to - int 和 string - to - double)分别用于将字符串转换为 int 类型和 double 类型。相反,要将值转换为字符串,可以使用 to_string()重载函数。

请看以下代码来了解这些函数的功能:

```
#include <iostream>
#include <string> using namespace std;
int main() {
    std::string str = "55";
    std::int strInt = std::stoi(str);
    double strDou = std::stod(str);
    std::string valToString = std::to_string(strInt);
    std::cout << str << std::endl;
    std::cout << strInt << std::endl;
    std::cout << strDou << std::endl;
    std::cout << valToString << std::endl;
}
```

输出如下:

```
55
55
55
55
```

6.6.2 对和元组类型

对和元组类在存储异构元素集合的方式上有相似之处。对类可以存储两种类型的值,而元组类可以存储任意种类型的值。对定义在 <utility> 头文件中,而元组定义在 <tuple> 头文件中。

对构造函数接收两种类型作为模板参数,用于指定第一个和第二个值的类型。可以使用第一个和第二个数据直接访问这些元素。同样,也可以使用 get <0> ()和 get <1> ()函数访问这些成员。make_pair()函数用于在不显式指定类型的情况下创建值对:

```
std::pair <std::string, int> nameAndAge = std::make_pair("John", 32);
std::cout << "Name: " << nameAndAge.first << ", age: " << nameAndAge.second << std::endl;
```

第二行代码与以下代码等价:

```
std::cout << "Name: " << std::get <0> (nameAndAge) << ", age: " << std::get <1> (name-AndAge) << std::endl;
```

对使用无序映射、无序多元映射、映射和多元映射容器来管理关键字/值元素。元组类似于对。构造函数允许提供数量可变的模板参数。只能使用 get <N>()函数访问元素,该函数返回元组中的第 N 个元素。还可以使用 make_tuple()函数,类似于对,更方便地创建元组。

此外,元组还有另一个方便的函数,用于从元组中提取值,即 tie()函数。该函数允许创建引用的元组,这有助于将元组中选定的元素分配给特定变量。让我们了解如何使用 make_tuple()和 get()函数从元组中检索数据:

```
#include <iostream>
#include <tuple>
#include <string>
int main() {
    std::tuple <std::string, int, float> james = std::make_tuple("James", 7, 1.90f);
    std::cout << "Name: " << std::get <0> (james) << ". Agent number: " << std::get <1>
(james) << ". Height: " << std::get <2> (james) << std::endl;
}
```

输出如下:

```
Name: James. Agent number: 7. Height: 1.9
```

6.7 可选类型

1optional <T> 用于包含可能存在或不存在的值。该类接收一个模板参数 T,它表示 std::optional 模板类可能包含的类型。值类型意味着类的实例包含该值。可选类型的复制将创建包含数据的新副本。在程序执行的任何时候,optional <T> 要么不包含任何内容(如果为空),要么包含类型 T 的值。可选类型定义在 <optional> 头文件中。

假设应用程序使用一个名为 User 的类来管理注册用户。希望有一个能够从用户电子邮件中获取用户信息的函数"User getUserByEmail(Email email);"。但是,如果用户没有注册,会发生什么? 也就是说,当我们可以确定系统没有关联的 User 的实例时,会发生什么? 有些人建议编译器警告异常。在 C++中,异常用于异常的情况——几乎不应该发生的情况。用户没有在我们的网站中注册是完全正常的情况。在这些情况下,可以使用可选模板类来表示可能没有数据的事实:

```
std::optional <User> tryGetUserByEmail(Email email);
```

可选模板提供了两种简单的工作方法:

- has_value():如果可选类型当前持有一个值,则返回真;如果变量为空,则返回假。
- value():该函数返回当前可选类型持有的值,如果不存在该值,则警告异常。

此外,可选类型可以用作 if 语句中的条件:如果包含值,则条件语句为真,否则为假。

请看以下示例来理解 has_value()和 value()函数的工作机制:

```
# include <iostream>
# include <optional>
int main() {
    //我们可能不知道时间。但是如果知道,则时间为一个整数
    std::optional <int> currentHour;
    if (not currentHour.has_value()) {
        std::cout << "We don't know the time" << std::endl;
    }
    currentHour = 18;
    if (currentHour) {
        std::cout << "Current hour is: " << currentHour.value() << std::endl;
    }
}
```

输出如下:

```
We don't know the time
Current hour is: 18
```

可选模板附带了其他方便的特性。可以将 std::nullopt 的值赋值给可选类型,这样当希望它为空时,编译器就会显式地表现出来,并且可以使用 make_optional 的值从一个值中创建一个可选类型。此外,可以使用解引用操作符(*)来访问可选类型值,并且不会在值不存在时警告异常。在这种情况下,可能访问无效的数据,所以当使用" * "时,需要确保可选类型包含一个值:

```
std::optional <std::string> maybeUser = std::nullopt;
if (not maybeUser) {
    std::cout << "The user is not present" << std::endl;
}
maybeUser = std::make_optional <std::string> ("email@example.com");
if (maybeUser) {
    std::cout << "The user is: " << * maybeUser  << std::endl;
}
```

另一个方便的方法是 value_or(defaultValue)。该函数接收一个默认值,如果当前可选类型持有一个值,则返回可选类型所包含的值,否则返回默认值。请看以下示例:

```
# include <iostream>
# include <optional>
int main() {
    std::optional <int> x;
```

```
std::cout << x.value_or(10) << std::endl;
//将返回 x 的值 10    x = 15;
std::cout << x.value_or(10) << std::endl;
//将返回 x 的值 15
}
```

输出如下：

```
10
15
```

除了返回值之外,可选类型在将其作为参数接收以表示可出现或不出现的参数时也十分有用。

让我们回忆一下由电子邮件地址、电话号码和物理地址组成的 User 类。有时,用户没有电话号码、不想提供物理地址,所以用户中唯一必需的字段是电子邮件地址:

```
User::User(Email email,
  std::optional <PhoneNumber> phoneNumber = std::nullopt,
  std::optional <Address> address = std::nullopt){
  ...
}
```

这个构造函数允许我们传入关于用户的所有信息。如果使用多个重载,而不是可选类型,则将有 4 个重载:

- 只电子邮件;
- 电子邮件和电话号码;
- 电子邮件和地址;
- 电子邮件、电话号码和地址。

正如我们所看到的,当可能不想传递的参数数目增加时,重载的数量会快速增长。

6.8 变体类型

变体类型是用于表示类型选择的值类型。该类接收一个类型列表,并且变体类型能够包含这些类型中的任何一个值。因为与联合类似,变体类型通常被称为标签联合,它可以存储多种类型,但一次只能存储一种。变体类型还能够跟踪当前存储的类型。

在程序的执行过程中,变体类型每次只包含一种可能的类型。与可选类型一样,变体类型也是一个值类型:当我们创建变体类型的副本时,当前存储的元素将被复制到新的变体类型中。

为了与 std::variant 交互,C++标准库提供了两个主要功能:

- holds_alternative <Type> (variant):如果变量当前持有所提供的类型,则返回真;否则,返回假。

● get(variant)：该函数有 get ＜Type＞（variant）和 get ＜Index＞（variant）两个
版本。

get ＜Type＞（variant）获取当前存储在变体类型中类型的值。在调用这个函数之
前，调用者需要确保 holds_ alternative(variant)返回真。get ＜Index＞（variant）获取当
前存储在变体类型内的索引类型的值。与前一个函数相同，调用者需要确保变体类型
持有正确的类型。

例如，对于 std::variant ＜string，float＞ variant，调用 get ＜0＞（variant），将得到
字符串的值，但需要确保变体类型当前存储的是字符串。通常，最好使用 get ＜Type＞（）
来访问元素，这样就可以明确我们所期望的类型，并且如果变量中类型的顺序发生变
化，仍然会得到相同的结果：

练习：在程序中使用变体类型

让我们执行以下步骤来了解如何在程序中使用变体：

① 引入所需的头文件：

```
# include <iostream>
# include <variant>
```

② 在 main()函数中，添加值类型为 string 和 integer 的变体类型：

```
int main()
{
    std::variant <std::string, int> variant = 42;
```

③ 现在使用两个输出语句以不同的方式调用变体类型：

```
std::cout << get <1>(variant) << std::endl;
std::cout << get <int>(variant) << std::endl; The output is as follows:
```

输出如下：

```
42
42
```

获取变体类型内容的另一种方法是使用 std::visit(visitor, variant)，该函数接收
变体类型和一个可调用对象。可调用对象需要支持操作符()的重载，为变体类型中可
能存储的每个类型获取一个类型。然后，visit 将确保调用接收存储在变体类型中当前
类型的函数。

练习：访问变体类型

让我们执行以下步骤来了解如何在程序中使用 std::visit(visitor, variant)：

① 在程序开始时引入以下头文件：

```
# include <iostream>
# include <string>
# include <variant>
```

② 添加 Visitor 结构体,如下所示:

```
struct Visitor {
    void operator()(const std::string& value){
        std::cout << "a string: " << value << std::endl;
    }
    void operator()(const int& value){
        std::cout << "an int: " << value << std::endl;
    }
};
```

③ 在 main()函数中,调用 Visitor 结构体并传递值,如下所示:

```
int main()
{
    std::variant <std::string, int> variant = 42;
    Visitor visitor;
    std::cout << "The variant contains ";
    std::visit(visitor, variant);
    variant = std::string("Hello world");
    std::cout << "The variant contains ";
    std::visit(visitor, variant);
}
```

输出如下:

```
The variant contains an int: 42
The variant contains a string: Hello world
```

当想要表示一组不同类型的值时,变体类型十分有用。典型的示例如下:
● 根据程序的当前状态返回不同类型的函数;
● 一个代表不同情形的类。

由于使用了可选变量,现在可以一种清晰的方式编写函数,以表明有时我们不会检索用户。如果用户没有注册,可能会询问他们是否想注册。假设有 UserRegistration-Form 结构体,它包含用户注册所需的信息。函数现在可以返回 std::variant <User, UserRegistrationForm> tryGetUserByEmail()。当用户注册时,返回 User,但如果用户没有注册,可以返回注册表单。

另外,当出现错误时我们应该怎么做?使用变体类型,可以让 GetUserError 结构体存储我们拥有的所有信息,以便应用程序能够从错误中恢复,并将其添加到返回类型: std::variant <User, UserRegistrationForm, GetUserError> 或 tryGetUser-ByEmail()。

现在通过查看函数签名,可以对调用 getUserByEmail()时会发生什么有一个完整的了解,并且编译器会帮助我们确保处理了所有的情况。另外,变体类型还可以用来表示类可能处于的各种状态。每个状态都包含该状态所需的数据,并且该类只管理从一种状态到另一种状态的转换。

任务 22：机场管理系统

让我们编写一个程序来创建机场系统管理：

① 我们想要在机场系统中表示飞机的状态。飞机可以有 3 种状态：At_gate、Taxi 和 Flying。这 3 种状态存储不同的信息。

② 使用 At_gate,存储飞机所在的登机口号码;使用 Taxi,可以记录飞机的航线和乘客人数;使用 Flying,可以存储飞机的飞行速度：

```
struct AtGate {
    int gate;
};
struct Taxi {
    int lane;
    int numPassengers;
};
struct Flying {
    float speed;
};
```

③ 应该有 3 种方法：

- startTaxi()：该方法获取飞机应该行驶的航线和机上乘客人数。飞机只有在登机口才能开始滑行。
- takeOff()：该方法测量飞机应该飞行的速度。飞机只有在滑行状态下才能开始飞行。
- currentStatus()：该方法打印飞机的当前状态。

6.9　迭代器

在本章中,我们多次提到了元素在容器中的位置,例如可以在双向链表的特定位置插入元素。迭代器是表示容器中元素位置的方法。迭代器提供了对容器元素进行操作的一致方式,并且抽象了元素所属容器的细节。

6.9.1　迭代器概述

迭代器总是属于一个范围。begin()函数可以访问表示范围开始的迭代器,而 end()函数可以访问表示范围结束的迭代器。包含第一个元素,但不包含最后一个元素的范围称为半开的。迭代器必须提供的接口由 4 个操作符组成：

- "*"操作符用于访问迭代器当前引用位置上的元素。
- "++"操作符用于向前移动到下一个元素。
- "=="操作符用于比较两个迭代器,以检查它们是否指向相同的位置。

● "＝"操作符用于分配迭代器。

C＋＋中的每个容器类都必须指定它提供的用于访问其元素的迭代器类型,作为名为 iterator 的成员类型别名。例如,对于整数向量,类型为 std::vector <int> ::iterator。请看如何使用迭代器来遍历容器(在本例中是向量)的所有元素:

```
# include <iostream>
# include <vector>
int main()
{
    std::vector <int> numbers = {1, 2, 3};
    for(std::vector <int> ::iterator it = numbers.begin();
    it != numbers. end(); ++ it) {
        std::cout << "The number is: " << * it << std::endl;
    }
}
```

这样的操作看起来很复杂。我们在第 2 章中学习了如何使用基于范围的 for循环:

```
for(int number: numbers) {
    std::cout << "The number is: " << number << std::endl;
}
```

基于范围的 for 循环是依赖于迭代器实现的:编译器重写了基于范围的 for 循环,使之看起来像我们用迭代器编写的一样。这允许基于范围的 for 循环能够处理任何提供 begin()和 end()函数并返回迭代器的类型。

迭代器提供的操作符的实现方式取决于迭代器操作的容器。迭代器可以分为4 类,如表 6.5 所列。每个类别都建立在之前的类别之上,因此提供额外的功能。

表 6.5　迭代器及其描述

迭代器类型	描　　述
输入	可以向前迭代。只能单次传递
前向	可以向前迭代。可以多次传递
双向	可以向前和向后迭代
随机访问	在常量时间内可以向前和向后迭代至任意位置

图 6.13 所示给出了 C＋＋迭代器的更多细节。

让我们更详细地了解一下每一个迭代器。

1. 输入迭代器

输入迭代器可以向前一步,并允许读取它指向的元素。迭代器可以被复制,但是当一个副本被递增或解除引用以访问元素时,所有其他副本都将无效,并且不能再递增或解除引用。从概念上讲,这意味着通过输入迭代器访问序列中的元素最多只能读取一次。输入迭代器通常使用在访问元素之后总是跟随位置增量的情形。此外,输入迭代器提供操作符"＝＝"和"！＝"来检查迭代器是否等于end()的值。通常,输入迭代器用于访问元素流中的元素,其整个序列并不存储在内存中。我们每次只获取一个元素。

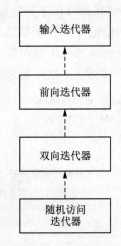

2. 前向迭代器

前向迭代器与输入迭代器非常相似,但是提供了额外的保证。同一个迭代器可以被解除引用多次,以访问它所指向的元素。此外,当增加或取消前向迭代器时,其他副本不会失效:如果复制前向迭代器,则可以推进第一个,而第二个仍然可以用来访问前一个元素。引用相同元素的两个迭代器保证相等。

图 6.13　C++中迭代器的层次结构

3. 双向迭代器

双向迭代器也是前向迭代器,但是还可以使用操作符"－－"(位置递减)成员函数来向后迭代元素。

4. 随机访问迭代器

随机访问迭代器也是双向迭代器,在常量时间内,它可以直接访问任何位置,而不需要线性扫描。操作符"[ ]"成员函数提供了随机访问迭代器,以访问泛型索引中的元素。同时,二进制操作符"＋"和操作符"－"提供了任意数量的向前和向后迭代。

练习:探索迭代器

执行以下步骤来探索上文中讨论的 4 个类别,并输出 it 指向的元素。这里,it 是一个输出迭代器。

① 在程序开始时引入以下头文件:

```
# include <iostream>
# include <vector>
```

② 在 main()函数中声明一个名为 number 的向量:

```
int main()
{
    std::vector <int> numbers = {1, 2, 3, 4, 5};
    auto it = numbers.begin();
```

③ 执行如下所示的各种算术运算:

```
std::cout << * it << std::endl; //接触引用:指向 1
it ++ ; //增量:现在指向 2
```

```
    std::cout << * it << std::endl;
    //随机访问：访问当前元素之后的第 2 个元素
    std::cout << it[2] << std::endl;
    -- it; //递减：再次指向 1
    std::cout << * it << std::endl;
    it += 4; //将迭代器向前推进 4 个位置：指向 5
    std::cout << * it << std::endl;
    it ++; //向前超过最后一个元素；
    std::cout << "'it' is after the past element: " << (it == numbers.end()) << std::endl;
}
```

输出如下：

```
1
2
4
1
5
'it' is after the past element: 1
```

6.9.2 反向迭代器

有时需要以相反的顺序遍历一个元素集合。C++提供了一个允许这样做的迭代器：反向迭代器。反向迭代器包装双向迭代器，并将递增操作与递减操作互换，反之亦然。正因为如此，当正向迭代一个反向迭代器时，是按照向后的顺序访问作用域内的元素。可以通过调用容器中的以下方法来反转容器的范围：既适用于普通迭代器代码，也适用于反向迭代器。例如，可以看到反向迭代器的代码与逆序迭代的代码十分相似。迭代器函数及其描述如表 6.6 所列。

表 6.6 迭代器函数及其描述

迭代器函数	描　　述
rbegin()	返回容器最后一个元素的位置
rend()	返回容器第一个元素之前的的位置

练习：探索反向迭代器的函数
让我们执行以下步骤来了解函数在反向迭代器中是如何工作的：
① 在程序开始时引入以下头文件：

```
#include <iostream>
#include <vector>
```

② 在 main()函数中，添加矢量编号，如下所示：

```
int main()
```

```
{
    std::vector <int> numbers = {1, 2, 3, 4, 5};
```

③ 通过数字向量进行迭代,如下所示:

```
for(auto rit = numbers.rbegin(); rit != numbers.rend(); ++rit) {
    std::cout << "The number is: " << * rit << std::endl;
}
}
```

输出如下:

```
The number is: 5
The number is: 4
The number is: 3
The number is: 2
The number is: 1
```

6.9.3　插入迭代器

插入迭代器,也称为插入器,用于将新值插入到容器中,而不是覆盖它们。

C++中存在 3 种类型的插入器,它们在容器中插入元素的位置不同,如表 6.7 所列。我们将在本章的后续内容中看到,一些算法需要使用迭代器来存储数据。插入迭代器通常与这类算法一起使用。

表 6.7　迭代器函数及其描述

迭代器函数	描　述
尾部插入器	通过调用 push_back()函数在容器的尾部追回一个值
头部插入器	通过调用 push_front()函数在容器的头部插入一个值
普通插入器	通过调用 insert()函数在容器的给定位置插入一个值

6.9.4　流迭代器

流迭代器允许使用流作为读取元素的源,或者作为写入元素的目标,如表 6.8 所列。因为在本例中没有使用任何容器,所无法调用 end()方法来获得 end 迭代器。默认构造的流迭代器同时也是流范围的结束。

表 6.8　迭代器函数及其描述

迭代器函数	描　述
Istream	从输入流中读取元素
Ostream	将元素写入输出流

请看以下从标准输入中读取空格分隔的整数的程序。

练习：流迭代器

让我们执行以下步骤来了解反向流中的函数是如何工作的：

① 引入所需的头文件，如下所示：

```
# include <iostream>
# include <iterator>
```

② 在 main()函数中，添加 istream 迭代器，如下所示：

```
int main()
{
    std::istream_iterator <int> it = std::istream_iterator <int> (std::cin);
    std::istream_iterator <int> end;
    for(; it != end; ++it) {
        std::cout << "The number is: " << * it << std::endl;
    }
}
```

输出如下（输入：10）：

```
The number is: 10
```

6.9.5 迭代器失效

如前所述，迭代器表示容器中元素的位置。

这意味着迭代器与容器紧密绑定，而对容器的更改可能会移动元素，这意味着指向这样元素的迭代器将无法使用，即失效。

在对容器使用迭代器时，始终检查无效契约是极其重要的，因为它可能没有指定使用无效迭代器时会发生什么。更常见的情况是，这会导致程序访问无效数据甚至程序崩溃，从而产生难以发现的错误。

如果能够记住容器是如何实现的，那么就可以更容易地记住迭代器何时失效。

例如，当在向量中插入一个元素时，可能需要更多的内存来存储该元素，在这种情况下，所有先前的元素都被移动到新获得的内存中。这意味着所有指向元素的迭代器现在都指向元素的旧位置：它们是无效的。

另一方面，我们看到，当向列表中插入一个元素时，只需更新前驱节点和后继节点，但不会移动元素。这意味着元素的迭代器仍然有效：

```
# include <iostream>
# include <vector> # include <list>
int main()
{
    std::vector <int> vector = {1};
    auto first_in_vec = vector.begin();
    std::cout << "Before vector insert: " << * first_in_vec << std::endl;
```

```
        vector.push_back(2);
        // first_number 是无效的！我们不能再使用它！
        std::list <int> list = {1};
        auto first_in_list = list.begin();
        list.push_back(2);
        // first_in_list 并非无效的，我们可以使用它
        std::cout << "After list insert: " << * first_in_list << std::endl;
    }
```

输出如下：

```
Before vector insert: 1
After list insert: 1
```

练习：打印所有客户的余额

希望打印应用程序中所有客户的余额。余额已经作为整数存储在向量中。希望使用迭代器来遍历余额的向量。请遵循以下步骤：

① 引入 vector 类的头文件，并声明一个包含 10 个 int 类型元素的向量：

```
# include <vector>
std::vector <int> balances = {10, 34, 64, 97, 56, 43, 50, 89, 32, 5};
```

② 修改 for 循环，使其使用向量的迭代器进行迭代，并从 begin()返回的位置开始，到达 end()返回的位置结束：

```
for (auto pos = numbers.begin(); pos != numbers.end(); ++pos)
{
    //请自行完善代码
}
```

③ 使用迭代器中的解除引用操作符(*)访问数组的元素：

```
for (auto pos = numbers.begin(); pos != numbers.end(); ++pos)
{
    std::cout << "Balance: " << * pos << std::endl; }
```

6.10 C++标准模板库提供的算法

算法是一种以抽象方式操作容器的方法。C++标准库为在一系列元素上执行的所有常见操作提供了广泛的算法。因为算法接收迭代器，所以算法可以操作任何容器，甚至是用户定义的容器。这使得我们可以使用大量的算法来处理大量的容器，而不需要算法知道容器是如何实现的。

以下是 STL 提供的一些最重要和最常见的算法。

注意：算法对作用域范围进行操作，因此我们通常使用一对迭代器：first 和 last。

正如我们在本章所看到的,last 迭代器表示超过作用域范围末尾的元素——它并不是作用域范围中的一部分。这意味着,当想要操作一个完整的容器时,可以将 begin()和end()作为参数传递给算法,但如果想要使用较短的序列,则必须确保 last 迭代器能够传递最后一个在范围内需要的对象。

6.10.1 Lambda 表达式

大多数算法接收一元或二元谓词:仿函数(函数对象),它接收一个或两个参数。这些谓词允许用户指定算法需要的一些操作。不同的算法会有不同的操作。正如我们在第 4 章"类"末尾看到的,要想编写一个函数对象,必须创建一个类并重载操作符"()"。这可能非常冗长,特别是当仿函数执行简单的操作时。

为了使用 C++解决这个问题,需要编写一个 lambda 表达式,也称为 lambda。lambda 表达式创建一个特殊的函数对象,其类型只有编译器知道。lambda 表达式的行为类似于函数,但可以访问创建其作用域中的变量。其语法与函数的语法非常相似:

```
[captured variables](arguments) { body }
```

这将创建一个新的对象。当使用 lambda 表达式中指定的参数调用该对象时,该对象将执行函数体。

Arguments 是函数接收的参数列表,body 是调用函数时要执行的语句序列。它们与函数具有相同的含义,我们在第 3 章"函数"中看到的规则也适用于它们。例如,创建一个接收两个整数并返回两数之和的 lambda 表达式:

```
# include <iostream>
int main() {
    auto sum_numbers = [] (int a, int b) { return a + b; };
    std::cout << sum_numbers(10, 20) << std::endl; }
```

输出如下:

```
30
```

默认情况下,lambda 的主体只能引用在参数列表和主体内部定义的变量,就像函数一样。此外,lambda 可以捕获局部作用域中的变量,并在其主体中使用它。被捕获的变量需要一个变量名列表,这些变量名可以在 lambda 的主体中被引用。当一个变量被捕获时,它被存储在创建的函数对象中,并且可以在主体中被引用。默认情况下,变量按值捕获,所以它们会被复制到函数对象中:

```
# include <iostream>
int main() {
    int addend = 1;
    auto sum_numbers = [addend](int b) {
        return addend + b;
    };
```

```
        addend = 2;
        std::cout << sum_numbers(3) << std::endl;
}
```

输出如下：

4

当创建 lambda 表达式时，按值捕获 addend：该变量被复制到 sum_numbers 对象中。即使修改了 addend 的值，也没有改变存储在 sum_numbers 中的副本，因此当执行 sum_numbers 时，程序会执行"1＋b"。

在某些情况下，希望能够在 lambda 表达式的作用域内修改变量的值，或者希望访问变量实际的值，而非创建 lambda 表达式时变量所拥有的值。在这种情况下，可以在变量名前加上"&"。

注意： 当按引用捕获时，需要确保按引用捕获的变量在 lambda 被调用时仍然有效；否则函数体将访问无效对象，从而导致错误。在可能的情况下，尽量使用按值捕获。

请看以下示例：

```cpp
# include <iostream>
int main() {
    int multiplier = 1;
    auto multiply_numbers = [&multiplier](int b) {
        return multiplier * b;
    };
    multiplier = 2;
    std::cout << multiply_numbers(3) << std::endl;
}
```

输出如下：

6

在这里，按引用捕获 multiplier 变量：在 multiply_numbers 中只存储对该变量的引用。当调用 multiply_numbers 时，主体将访问 multiplier 的当前值，因为 multiplier 被更改为 2，所以 lambda 表达式将使用数值 2。lambda 可以捕获多个变量，并且每个变量都可以通按值或引用来捕获，这些变量彼此相互独立。

6.10.2 只读算法

只读算法是检查存储在容器内的元素但不修改容器中元素顺序的算法。表 6.9 所列是检查特定范围内元素最常见的操作。

表 6.9　检查特定范围内元素的操作

函　　数	描　　述
all_of any_of none_of	这 3 个函数都接收 3 个参数：范围的起始和结束值，以及一个一元素词。 它们返回真值的条件分别是序列中全部/至少一个/没有元素的对应谓词返回真值
for_each	接收范围的起始值和结束值，以及一个一元谓词。 按迭代的顺序对序列中每一个元素调用该一元谓词
count count_if	接收范围的起始值和结束值，以及一个数据或一个一元谓词。 返回与该数值相等或使该一元谓词为真的元素个数
find find_if find_if_not	接收范围的起始值和结束值，以及一个数值或一个一元谓词。 返回一个迭代器，指向第一个与给定数值相等或使给定谓词为真的元素的位置； 若没有找到满足该条件的元素，则返回范围的结束值

请看这些函数的使用方法：

```
# include <iostream>
# include <vector> # include <algorithm>
int main() {
    std::vector <int> vector = {1, 2, 3, 4};
    bool allLessThen10 = std::all_of(vector.begin(), vector.end(), [](int value) { re-
    turn value < 10; });
    std::cout << "All are less than 10: " << allLessThen10 << std::endl;
    bool someAreEven = std::any_of(vector.begin(), vector.end(), [](int value) { return
    value % 2 == 0; });
    std::cout << "Some are even: " << someAreEven << std::endl;
    bool noneIsNegative = std::none_of(vector.begin(), vector.end(), [](int value) { re-
    turn value < 0; });
    std::cout << "None is negative: " << noneIsNegative << std::endl;
    std::cout << "Odd numbers: " << std::count_if(vector.begin(), vector. end(), [](int
    value) { return value % 2 == 1; }) << std::endl;
    auto position = std::find(vector.begin(), vector.end(), 6);
    std::cout << "6 was found: " << (position != vector.end()) << std::endl;
}
```

输出如下：

```
All are less than 10: 1
Some are even: 1
None is negative: 1
Odd numbers: 2
6 was found: 0
```

6.10.3 修改算法

修改算法是指修改算法所迭代的集合的算法,如表 6.10 所列。

表 6.10 修改算法

函　数	描　述
copy copy_if	接收范围的起始值和结束值,以及一个输出迭代器。 用于将范围内的元素复制到输出迭代器中。 copy_if 还另外接收一个一元谓词,仅当谓词为真时才执行上述复制元素的操作
transform	该函数有两个常用的重载形式。 第一种接收范围的起始值和结束值,以及一个输出迭代器和一个一元谓词。 它将对范围中的每一元素分别调用该一元谓词,并将返回值输出给输出迭代器。 第二种则接收一个范围的起始值和结束值、另一个范围的起始值(该范围不得小于前一范围)以及一个输出迭代器和一个二元谓词。 它依次将两个范围内相同位置的元素传递给二元谓词,并将谓词的返回值输出给输出迭代器
remove remove_if	接收范围的起始值和结束值以及一个数值或一元谓词。 它们的功能并排顾名思义地理解为从容器中"移除"元素,而是将容器中所有与给定数值相等或使得谓词为真的元素移至容器的末尾,并返回一个迭代器,指向最后一个不被移动的元素的后一个位置。 迭代器并不知道如何移动元素(因为并没有为该算法提供迭代器),所以它对元素进行分组,从而使得只需调用容器内合适的方法就可以轻易地实现移动操作

请看这些算法的实际应用:

```cpp
# include <iostream>
# include <vector>
# include <algorithm> # include <iterator>
int main() {
    std::vector <std::string> vector = {"Hello", "C++", "Morning", "Learning"};
    std::vector <std::string> longWords;
    std::copy_if(vector.begin(), vector.end(), std::back_inserter(longWords),
    [](const std::string& s) { return s.length() > 3; });
    std::cout << "Number of longWords: " << longWords.size() << std::endl;
    std::vector <int> lengths;
    std::transform(longWords.begin(), longWords.end(), std::back_ inserter(lengths),
    [](const std::string& s) { return s.length(); });
    std::cout << "Lengths: ";
    std::for_each(lengths.begin(), lengths.end(), [](int length) { std::cout << length
    << " "; });
    std::cout << std::endl;
    auto newLast = std::remove_ if(lengths.begin(), lengths.end(), [](int length)
```

```
{ return length < 7; });
std::cout << "No element removed yet: " << lengths.size() << std::endl;
// erase all the elements between the two iterators lengths.erase(newLast, lengths.
end());
std::cout << "Elements are removed now. Content: ";
std::for_each(lengths.begin(), lengths.end(), [](int length) { std::cout << length
<< " "; });
std::cout << std::endl;
}
```

输出如下：

```
Number of longWords: 3
Lengths: 5 7 8
No element removed yet: 3
Elements are removed now. Content: 7 8
```

6.10.4 可变序列算法

可变序列算法是改变元素顺序的算法，如表 6.11 所列。

表 6.11 可变序列算法

函 数	描 述
reverse reverse_copy	接收范围的起始值和结束值。 颠倒该范围内元素的顺序。 reverse_copy 变体还接收输出迭代器和反向范围的输出，并且不修改源范围
shuffle	接收范围的起始值和结束值以及一个随机数生成器。 以随机的顺序重新排序范围内的元素

请看这些算法的使用方法：

```
# include <iostream>
# include <random>
# include <vector>
# include <algorithm> # include <iterator>
int main() {
    std::vector <int> vector = {1, 2, 3, 4, 5, 6};
    std::random_device randomDevice;
    std::mt19937 randomNumberGenerator(randomDevice());
    std::shuffle(vector.begin(), vector.end(), randomNumberGenerator);
    std::cout << "Values: ";
    std::for_each(vector.begin(), vector.end(), [](int value) { std::cout << value << " "; });
    std::cout << std::endl;
}
```

输出如下：

```
Values：5 2 6 4 3 1
```

6.10.5 排序算法

这类算法以特定的顺序重新排列容器内元素的顺序，如表 6.12 所列。

表 6.12 排序算法

函　数	描　述
sort	接收范围的起始值和结束值，以及一个二进制谓词（可缺省）。 更改范围内元素的顺序，使得元素升序排列。 当提供二进制谓词时，编译器将调用二进制谓词来比较元素，如果谓词返回真，则第一个元素排列于第二个元素之前；否则，编译器默认使用操作符"＜"

请看如何排序向量：

```cpp
# include <iostream>
# include <vector>
# include <algorithm>
int main() {
    std::vector <int> vector = {5, 2, 6, 4, 3, 1};
    std::sort(vector.begin(), vector.end());
    std::cout << "Values：";
    std::for_each(vector.begin(), vector.end(), [](int value) { std::cout << value << "
"; });
    std::cout << std::endl;
}
```

输出如下：

```
Values：1 2 3 4 5 6
```

6.10.6 二进制搜索算法

表 6.13 所列解释了 binary_search 的用法。

表 6.13 二进制搜索算法

函　数	描　述
binary_search	接收范围的起始值和结束值，一个值，以及一个二进制谓词（可缺省）。 在范围内搜索提供的值，并声明是否存在。 范围内的元素必须按照提供的二进制谓词进行排序。如果没有提供二进制谓词，那么元素必须按照操作符"＜"进行排序

请看二进制搜索算法的使用方法：

```
# include <iostream>
# include <vector>
# include <algorithm>
int main() {
    std::vector <int> vector = {1, 2, 3, 4, 5, 6};
    bool found = std::binary_search(vector.begin(), vector.end(), 2);
    std::cout << "Found: " << found << std::endl;
}
```

输出如下:

Found: 1

6.10.7 数值算法

这类算法使用线性运算以不同方式组合数值元素,见表 6.14。

表 6.14 数值算法

函　　数	描　　述
accumulate	接收范围的起始值和结束值,初始值,以及一个二进制谓词(可缺省)。使用二进制谓词组合范围内的所有元素以及初始值。如果没有提供二进制谓词,则编译器默认使用操作符"+"

请看如何在以下程序中使用 accumulate:

```
# include <iostream>
# include <vector>
# include <algorithm>
int main() {
    std::vector <int> costs = {1, 2, 3};
    int budget = 10;
    int margin = std::accumulate(costs.begin(), costs.end(), budget, [](int a, int b) {
    return a - b; });
    std::cout << "Margin: " << margin << std::endl;
}
```

输出如下:

Margin: 4

练习:客户分析

给定一个以用户名为关键字、以用户账户为值的映射,希望按降序打印新用户的余额,如果用户在 15 天前注册,则被视为新用户。表示用户账号的结构体如下所示:

```
struct UserAccount {
    int balance;
```

```
        int daysSinceRegistered;
};
```

编写一个 void computeAnalytics(std::map <std::string, UserAccount> & ac-counts)函数,该函数将打印余额。

① 确保引入解决方案所需的所有头文件:

```
# include <iostream>
# include <vector>
# include <iterator>
# include <map>
# include <algorithm>
```

② 首先需要从映射中提取 UserAccount。请记住,映射存储的元素是包含关键字和值的对。因为需要将类型转换为 UserAccount,所以可以通过传递一个只返回用户账户的 lambda 来使用 std::transform。为了将其插入到 vector 中,可以使用 std::back_inserter。需要确保在 lambda 中接收对时使用常量引用:

```
void computeAnalytics(std::map <std::string, UserAccount> & accounts) {
    //注册时间小于 15 天的用户的账户余额按降序排列
    std::vector <UserAccount> newAccounts;
    std::transform(accounts.begin(), accounts.end(), std::back_ inserter(newAccounts),
        [](const std::pair <std::string, UserAccount> & user) { return user.second; });
}
```

③ 当在 vector 中提取账户后,可以使用 remove_if 删除所有注册时间大于 15 天的账户:

```
auto newEnd = std::remove_ if (newAccounts. begin ( ), newAccounts. end ( ), [ ] (const
UserAccount& account) { return account. daysSinceRegistered > 15;
} );
    newAccounts.erase(newEnd, newAccounts.end());
```

④ 删除旧账后,需要对余额按降序排序。默认情况下,std::sort 使用升序,所以需要提供 lambda 来改变顺序:

```
    std::sort(newAccounts.begin(), newAccounts.end(), [](const
    UserAccount& lhs, const UserAccount& rhs) { return lhs.balance > rhs. balance; } );
    Now that the data is sorted, we can print it:
    for(const UserAccount& account : newAccounts) {
        std::cout << account.balance << std::endl;
    }
}
```

⑤ 现在可以使用以下测试数据调用函数:

```
int main()
```

```
{
    std::map <std::string, UserAccount> users = {
        {"Alice", UserAccount{500, 15}},
        {"Bob", UserAccount{1000, 50}},
        {"Charlie", UserAccount{600, 17}},
        {"Donald", UserAccount{1500, 4}}
    };
    computeAnalytics(users); }
```

6.11 总 结

本章首先介绍了顺序容器——可以按顺序访问元素的容器。了解了数组、向量、双端队列、双向链表和单向链表等顺序容器。了解了它们提供的功能以及使用它们的方法,还学习了它们的实现过程,以及在向量和双向链表中如何存储数据。接着使用了关联容器,该容器允许快速查找元素,并且确保元素始终保持有序。集合、多元集合、映射和多元映射都属于关联容器。

介绍了容器所支持的操作,以及如何使用映射和多元映射将值关联到关键字。还看到了它们的无序版本,即不按顺序保存元素,但提供了更高的性能。无序集合和无序映射都属于这个版本。学习了非传统容器。字符串用于操作字符序列,对和元组用于保存不同类型的各种元素,可选类型用于为类型添加可选性,变体类型用于存储可能有几种类型的值。

然后研究了迭代器,并了解了如何使用它们来抽象容器的概念并提供了一组通用功能。了解了各种类型的迭代器,并学习了迭代器无效的概念以及迭代器的重要性。还了解了 lambda 表达式是定义函数的一种简便方法,并且该函数还可以访问创建它的作用域中的变量。

最后学习了 C++标准中的算法。将常见的算法分为不同的类别,并学习了这些类别中最重要的算法,包括查找、删除和排序。

在第 7 章中,我们将学习如何使用 C++的高级特性来创建动态程序。

第7章 面向对象编程

7.1 引 言

在前面的章节中,我们学习了用于创建适用于任意类型的函数和类的模板,这样就避免了重复工作。然而,使用模板并不适用于所有情况,或者可能不是最好的方法。模板的限制是在编译代码时编译器需要知道参数的类型。

在现实世界中,有时无法满足该条件。一个典型的示例是编写根据配置文件的值确定要使用何种日志基础设施的程序。

考虑以下问题:

● 在开发应用程序和执行测试时,应用程序将使用一个日志类来打印详细信息。

● 另一方面,当应用程序被部署到用户的 PC 客户端上时,应用程序会使用一个日志类来打印错误摘要,并在出现错误时通知开发人员。

可以使用 C++中的继承概念来解决这些问题。

7.2 继 承

继承允许一个或多个类的组合。请看以下继承的示例:

```
class Vehicle {
    public:
        TankLevel getTankLevel() const;
        void turnOn();
};
class Car : public Vehicle {
    public:
        bool isTrunkOpen();
};
```

在本例中,Car 类继承自 Vehicle 类,或者可以说 Car 派生自 Vehicle。在 C++术语中,Vehicle 是基类,Car 是派生类。

当定义一个类时,可以通过使用":"来指定其派生的类,后跟随一个或多个类,用逗号分隔,即"class Car：public Vehicle，public Transport｛｝"。在指定要派生的类的列表时,还可以指定继承的可见性——私有、受保护或公共的。可见性修饰符指定谁可以知道类之间的继承关系。基类的方法可以作为派生类的方法访问,并遵循以下规则:

```
Car car; car.turnOn();
```

当继承是公共的时,类的外部代码知道 Car 是从 Vehicle 派生的。基类的所有公共方法都可以被程序中的代码作为派生类的公共方法访问。基类的受保护方法可以作为派生类的受保护方法访问。当继承是受保护的时,所有公共和受保护的成员都可以作为派生类的受保护成员访问。只有派生类和从其派生的类知道继承关系,外部代码将这两个类视为互不相关的。

最后,当使用私有修饰符进行派生时,基类的所有公共和受保护的方法和字段都可以被派生类作为私有进行访问。

类的私有方法和字段永远不能在类之外访问。访问基类的字段遵循相同的规则,如表 7.1 所列。

表 7.1　基类方法及其提供的访问级别

基类方法	派生类以公共访问	派生类以受保护访问	派生类以私有访问
公共	访问权限等同于在派生类中声明为公共的	访问权限等同于在派生类中声明为受保护的	访问权限等同于在派生类中声明为私有的
受保护	访问权限等同于在派生类中声明为公共的	访问权限等同于在派生类中声明为公共的	访问权限等同于在派生类中声明为私有的
私有	只能通过基类进行访问	只能通过基类进行访问	只能通过基类进行访问

继承创建派生类和基类的层次结构。

Orange 类可以从 Citrus 类派生,而 Citrus 类又派生自 Fruit 类。代码如下:

```
class Fruit {
  };
 class Citrus：public Fruit {
  };
 class Orange：public Citrus {
  };
```

Citrus 类可以访问 Fruit 类的公共和受保护的方法,而 Orange 类能够访问 Citrus 和 Fruit 类的公共和受保护的方法(可以通过 Citrus 类来访问 Fruit 类的公共方法)。

练习：创建一个程序来演示 C++中的继承

让我们进行以下练习来创建一个继承自多个基类的派生类:

① 在程序开始时引入头文件:

```
# include <iostream>
```

② 添加第一个基类 Vehicle:

```cpp
//第一个基类
class Vehicle {
  public:
    int getTankCapacity(){
      const int tankLiters = 10;
      std::cout << "The current tank capacity for your car is " << tankLiters << " Li-
      ters." << std::endl;
      return tankLiters;
    }
};
```

③ 添加第二个基类,命名为 CollectorItem:

```cpp
//第二个基类
class CollectorItem {
  public:
    float getValue() {
      return 100;
    }
};
```

④ 添加派生类 Ferrari250GT,如下所示:

```cpp
//派生自两个基类的子类
class Ferrari250GT: protected Vehicle, public CollectorItem {
  public:
    Ferrari250GT() {
      std::cout << "Thank you for buying the Ferrari 250 GT with tank capacity " << get-
      TankCapacity() << std::endl;
      return 0;
    }
};
```

⑤ 在 main()函数中实例化 Ferrari250GT 类并调用 getValue()方法:

```cpp
int main()
{
  Ferrari250GT ferrari;
  std::cout << "The value of the Ferrari is " << ferrari.getValue() << std::endl;
  /* 不能调用 ferrari.getTankCapacity(),因为 Ferrari250GT 继承自带有受保护说明符的
  Vehicle */   return 0; }
```

输出如下:

```
Output:
The current tank capacity for your car is 10 Liters.
Thank you for buying the Ferrari 250 GT with tank capacity 10
```

The value of the Ferrari is 100

　　说明符并不是强制性的。如果省略说明符,则编译器默认为公共的(对于结构体)或私有的(对于类)。

　　注意:如果在实现类时使用继承将某些功能组合在一起,那么使用私有继承通常是正确的,因为这是实现类的细节,并且不是类的公共接口的一部分。相反,如果想编写一个可以代替基类使用的派生类,请使用公共继承。

　　从类继承时,基类会嵌入到派生类中。这意味着基类的所有数据在其内存表示中也成为派生类的一部分,如图 7.1 所示。

　　但有时可能会出现一个问题——将基类嵌入到派生类中,这意味着在初始化派生类时需要初始化基类;否则类的一部分将未完成初始化。那么,何时初始化基类呢?

　　在编写派生类的构造函数时,编译器将在进行任何初始化之前隐式地调用基类的默认构造函数。如果基类没有默认构造函数,但有一个接收参数的构造函数,则派生类构造函数可以在初始化列表中显式地调用它;否则程序将会出现错误。

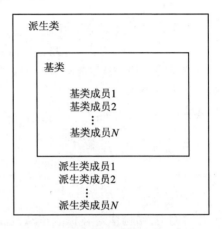

图 7.1　派生类和基类的表示方法

　　类似于编译器在派生类被构造时调用基类的构造函数,编译器总是在派生类的析构函数运行后调用基类的析构函数:

```
class A {
  public:
    A(const std::string& name);
};
class B: public A {
  public:
    B(int number) : A("A's name"), d_number(number) {}
  private:
    int d_number; };
}
```

　　当调用 B 的构造函数时,需要初始化 A。因为 A 没有默认构造函数,所以编译器不能初始化它:必须显式地调用 A 的构造函数。

　　编译器生成的复制构造函数和赋值运算符负责调用基类的构造函数和操作符。

　　相反,当编写复制构造函数和赋值操作符的实现代码时,需要调用复制构造函数和赋值运算符。

　　注意:在许多编译器中,可以启用额外的警告。如果忘记向基类构造函数添加调用,编译器将会发出警告。

非常重要的一点是,要理解继承其实"是一个"的关系,即:当定义一个类 A 从另一个类 B 继承时,可以理解为"A 是一个 B"。为了理解这一点,交通工具是一个很好的示例:汽车是一个交通工具,公共汽车是一个交通工具,卡车也是一个交通工具。一个不好的示例就是汽车从引擎中继承。虽然引擎可能有类似于汽车的功能,如启动方法,但是说汽车是一个引擎是错误的。在这种情况下,正确的关系是:汽车有一个引擎。这种关系表示构成。

一个更普遍的规则是使用里氏替换原则:如果类 A 继承自类 B,那么可以在使用类 B 的任何地方替换为类 A,并且代码仍然能够正常运行。到目前为止,已经看到了很多单继承的示例:派生类只有一个基类。此外,C++还支持多重继承:一个类可以从多个类中派生。

请看以下示例:

```
struct A { };
struct B { };
struct C : A, B {
};
```

在本例中,结构体 C 既派生于 A,也派生于 B。

继承的工作规则对于单继承和多继承是相同的:基于指定的可见性访问,所有派生类的方法都是可见的,并且需要确保调用适当的构造函数并为所有基类分配一个操作符。

注意:通常,最好构建浅继承层次结构,即派生类不应该有很多层次。

在使用多级继承层次结构或多重继承时,很可能会遇到一些问题,如不明确的调用。编译器不能清楚地理解调用哪个方法时,调用是不明确的。

请看以下示例:

```
struct A {    void foo() {} };
struct B {    void foo() {} };
struct C: A, B {
    void bar() { foo(); } };
```

在本例中,编译器不清楚应该调用 A 还是 B 的 foo()函数。可以通过在类名前面加上两个冒号来消除歧义:A::foo()。

练习:使用多重继承来创建一个打印"欢迎来到社区"消息的应用程序

让我们使用多重继承创建一个应用程序来打印"欢迎来到社区"的消息:

① 在程序中引入所需的头文件,如下所示:

```
# include <iostream>
```

② 添加必需的类,DataScienceDev 和 FutureCppDev,并添加必需的打印语句:

```
class DataScienceDev {
```

```
public：
    DataScienceDev(){
        std::cout << "Welcome to the Data Science Developer Community." << std::endl;
    }
};
class FutureCppDev {
public：
    FutureCppDev(){
        std::cout << "Welcome to the C + + Developer Community." << std::endl;
    }
};
```

③ 添加 Student 类，如下所示：

```
class Student : public DataScienceDev, public FutureCppDev {
    public：
    Student(){
        std::cout << "Student is a Data Developer and C + + Developer." << std::endl;
    }
};
```

④ 在 main()函数中调用 Student 类：

```
int main(){
    Student S1；
    return 0；
}
```

输出如下：

```
Welcome to the Data Science Developer Community.
Welcome to the C + + Developer Community.
Student is a Data Developer and C + + Developer.
```

任务 23：创建游戏角色

我们想要编写一款新游戏，并在游戏中创造两种类型的角色——英雄和敌人。敌人可以挥舞他们的剑，而英雄可以使用魔法。以下是完成任务的方法：

① 创建一个 Character 类，该类具有一个公共方法 moveTo，该方法用于打印 Moved to position。

② 创建一个 Position 结构体：

```
struct Position {
    std::string positionIdentifier；
};
```

③ 创建两个从 Character 类中派生的类，Hero 和 Enemy：

```
class Hero : public Character {
};
class Enemy : public Character {
};
```

④ 用构造函数创建一个 Spell 类,该构造函数以魔法的名称命名:

```
class Spell {
 public:
     Spell(std::string name) : d_name(name) {}
     std::string name() const {
         return d_name;
     }
 private:
     std::string d_name;
}
```

⑤ Hero 类应该有一个公开方法来使用魔法,该方法使用来自 Spell 类的值。
⑥ Enemy 类应该有一个公开方法来挥舞剑,该方法会打印 Swinging sword。
⑦ 实现 main()方法,该方法调用这些不同的类中的方法:

```
int main()
{
    Position position{"Enemy castle"};
    Hero hero;
    Enemy enemy;
}
```

输出如下:

```
Moved to position Enemy castle
Moved to position Enemy castle
Casting spell fireball
Swinging sword
```

7.3 多 态

在上一节中提到了继承允许在程序运行时更改代码的行为。这是因为继承使 C＋＋中的多态成为可能。

多态意味着多种形式,并表示对象以不同方式行动的能力。我们在前文中提到过,模板是编写适用于不同类型的代码的一种方法。根据用于模板实例化的类型,模板的行为将会发生改变。这种模式称为静态多态——静态是因为模板的行为是在编译时知道的。C＋＋还支持动态多态——让方法的行为在程序运行时发生改变。该功能十分强大,因为只有在编译程序之后,才能对获得的信息做出反应,如用户输入、配置中的值或代码运行的硬件类型。这得益于两个特性——动态绑定和动态分派。

7.4　动态绑定

动态绑定是基类类型的引用或指针在运行时指向派生类型的对象的能力。

请看以下示例:

```
struct A { };
struct B: A{ };
struct C: A { };
//接着可以编写
b;
c;
A& ref1 = b;
A& ref2 = c; A * ptr = nullptr;
if (runtime_condition()) {
    ptr = &b;
} else {
  ptr = &c; }
```

注意:要允许动态绑定,代码必须知道派生类是从基类派生的。如果继承的可见性是私有的,那么只有派生类中的代码才能将对象绑定到基类的指针或引用。如果继承是受保护的,那么派生类和从它派生的每个类都能够执行动态绑定。最后,如果继承是公共的,则始终允许动态绑定。

这就导致了静态类型和动态(或运行时)类型之间的区别。静态类型是可以在源代码中看到的类型。在本例中,可以看到 ref1 具有对结构体 A 的静态引用类型。

动态类型是对象的实际类型,是运行时在对象的内存位置中构造的类型。例如,静态类型 ref1 和 ref2 是对结构体 A 的引用,但动态类型 ref1 是 B,因为 ref1 指向一个创建 B 类型对象的内存位置,动态类型 ref2 是 C 也是由于类似的原因。

正如前面所看到的,动态类型可以在运行时更改。变量的静态类型总是不变的,但动态类型可以发生改变:ptr 有一个静态类型,该静态类型是指向 A 的指针,但在程序执行过程中,它的动态类型可以发生改变:

```
A * ptr = &b;      // ptr 动态类型是 B
B ptr = &c;        // ptr 动态类型现在是 C
```

需要注意的是,只有引用和指针才能安全地从派生类中赋值。如果将一个对象分配给一个值类型,则会得到一个令人惊讶的结果——对象会被切割。

前面说过,基类是嵌入到派生类中的。例如,按照以下代码尝试赋值:

```
B b;
A a = b;
```

代码会被编译,但只有嵌入到 B 内的 A 的部分内容会被复制——当声明类型 A 的变量时,编译器会投入内存足够大的区域来包含类型 A 的对象,所以无法为 B 提供足够的空间。此时,对象会被切割,因为在使用该对象为其他对象赋值,或将该对象复制到其他对象时,只使用了该对象的一部分。

这是因为 C++在默认情况下对函数和方法调用使用静态分派:当编译器执行方法调用时,它将检查调用该方法的变量的静态类型,并执行相应的实现。在切割的情况下,程序调用 A 的复制构造函数或赋值运算符,并且只复制 A 在 B 中的部分,而忽略其余的字段。

如前所述,C++支持动态分派。可以使用 virtual 关键字来标记方法从而实现动态分派。如果使用 virtual 关键字标记了一个方法,那么当使用引用或指针调用该方法时,编译器会执行动态类型而不是静态类型的实现。

这两个特性使多态成为可能——可以编写一个函数来接收基类的引用,并调用该基类上的方法,然后执行派生类的方法:

```
void safeTurnOn(Vehicle& vehicle) {
    if (vehicle.getFuelInTank() > 0.1 && vehicle.batteryHasEnergy()) {
        vehicle.turnOn();
    }
}
```

然后可以使用不同类型的"车"来调用函数,并执行相应的方法:

```
Car myCar;
Truck truck;
safeTurnOn(myCar);
safeTurnOn(truck);
```

典型的方法是只创建指定功能所需方法的接口。需要具备此类功能的类必须派生该接口并实现所有必需的方法。

7.5　虚方法

我们已经学习了 C++中动态分派的优点,以及它能够帮助我们通过调用基类的引用或指针来执行派生类的特性。在本节中,我们将深入了解如何告知编译器对方法执行动态分派。指定要对方法使用动态调度的方式是使用 virtual 关键字。当声明方法时,virtual 关键字声明在方法之前:

```
class Vehicle {
```

```
public:
    virtual void turnOn();
};
```

需要记住,编译器会根据调用方法时使用的变量的静态类型来决定如何执行方法分派。这意味着需要对代码中使用的类型应用 virtual 关键字。让我们通过下面的练习来学习 virtual 关键字的使用方法。

练习:探索虚方法

让我们创建一个应用继承与 virtual 关键字的程序:

① 确保引入了编译程序所需的头文件和命名空间。

② 添加 Vehicle 类,如下所示:

```
class Vehicle {
  public:
    void turnOn() {
      std::cout << "Vehicle: turn on" << std::endl;
    }
};
```

③ 在 Car 类中,添加 virtual 关键字,如下所示:

```
class Car : public Vehicle {
  public:
    virtual void turnOn()  {
      std::cout << "Car: turn on" << std::endl;
    }
};
void myTurnOn(Vehicle& vehicle) {
    std::cout << "Calling turnOn() on the vehicle reference" << std::endl;    vehicle.
    turnOn(); }
```

④ 在 main()函数中,调用 Car 类并在 myTurnOn()函数中传递 car 对象:

```
int main() {
    Car car;
    myTurnOn(car);
}
```

输出如下:

```
Calling turnOn() on the vehicle reference
Vehicle: turn on
```

在这里,编译器不会动态分派调用,而会执行对 Vehicle::turnOn()实现的调用。原因是该变量的静态类型是 Vehicle,并且没有将该方法标记为 virtual,因此编译器会使用静态分派。

编写了声明方法虚拟的 Car 类这一事实并不重要,因为编译器只看到在 myTurn-On()中使用了 Vehicle 类。当一个方法被声明为虚拟时,可以在派生类中重写它。要重写方法,需要用与父类相同的签名来声明该方法:相同的返回类型、名称、参数(包括常量性和引用性)、常量限定符和其他属性。如果签名不匹配,将为函数创建一个重载。重载可以从派生类中调用,但永远无法使用基类的动态调用来执行该重载。例如:

```
struct Base {
    virtual void foo(int) = 0;
}; struct Derived: Base {
    /*这是一个重写:使用相同的签名重新定义基类的虚方法 */
    void foo(int) { }
    /* 这是一个重载:定义的方法与基类的方法同名,但签名不同。虚拟的规则并不适用于
       Base::foo(int)和 Derived:foo(float)之间 */
    void foo(float) {}
};
```

当类重写基类的虚方法并在基类上调用该方法时,最底层的派生类的方法将被执行。即使方法是从基类内部调用的,这也是正确的。例如:

```
struct A {
    virtual void foo() {
        std::cout << "A's foo" << std::endl;
    }
};
struct B: A {
    virtual void foo() override {
        std::cout << "B's foo" << std::endl;
    }
};
struct C: B {
    virtual void foo() override {
        std::cout << "C's foo" << std::endl;
    }
};
int main() {
    B b;
    C c;
    A * a = &b;
    a-> foo();
    b- //执行 B::foo()
    a = &c;
    a-> foo();
    /*编译器会执行 C::foo(),因为它是重写 foo()的最底层的派生类 */
}
```

可以在上述示例中看到一个新的关键字：override。C++ 11 引入了该关键字，使我们能够指定显式重写方法。这允许编译器在我们使用 override 关键字时给出一个错误消息，但是签名并不匹配任何基类的虚方法。在本例中，我们还为每个函数使用了 virtual 关键字。这并不是必要的，因为基类的虚方法使得派生类中具有相同签名的方法也是虚拟的。

注意：在重写方法时，始终使用 override 关键字。我们很容易在更改基类的签名后忘记更新重写该方法的所有位置。如果不更新所有位置，那么它们将成为一个新的重载而不是重写。

明确声明 virtual 关键字是良好的编程习惯，但如果已经使用了 override 关键字，则使用 virtual 关键字可能是多余的——在这种情况下，最好的方法是遵循编写项目的编码标准。virtual 关键字可以应用于任何方法。因为构造函数不是方法，所以构造函数不能标记为虚函数。此外，禁止在构造函数和析构函数中使用动态分派。这是因为在构造派生类的层次结构时，基类的构造函数会在派生类的构造函数之前执行。这意味着，如果在构造基类时调用派生类的虚方法，则派生类还未被初始化。

类似地，当调用析构函数时，整个层次结构的析构函数的执行顺序是相反的：首先是派生类，然后是基类。在析构函数中调用虚方法会调用已经析构的派生类的方法，这是错误的。虽然构造函数不能标记为虚函数，但析构函数可以。如果类定义了一个虚方法，那么它也应该声明一个虚析构函数。

当在动态内存或堆上创建类时，声明虚析构函数是非常重要的。我们将在本章的后续内容中看到如何使用类管理动态内存，但是现在，更重要的是要知道，如果析构函数没有声明为虚拟的，那么对象可能只被部分析构。

任务 24：计算员工工资

我们正在编写一个计算公司员工工资支票的系统。每个员工都有基本工资和奖金。

对于非管理者的员工，奖金是根据部门的表现来计算的：如果部门达到了目标，他们将得到基本工资的 10% 的奖金。

该公司也有经理，他们的奖金计算方式不同：

如果部门达到了目标，他们会得到基本工资的 20%，再加上部门完成的目标和预期目标之间差额的 1% 的奖金。

我们希望创建一个函数，该函数接收所有员工（不管是否为经理），并将基本工资和奖金相加来计算他们的工资总额。

执行以下步骤：

① Department 类在构造时接收预期盈利和有效盈利，并将它们存储在两个字段中：

```cpp
class Department {
 public:
    Department(int expectedEarning, int effectiveEarning)
```

```
: d_expectedEarning(expectedEarning), d_ effectiveEarning(effectiveEarning)
{}
bool hasReachedTarget() const {return d_effectiveEarning >= d_ expectedEarning;}
int expectedEarning() const {return d_expectedEarning;}
int effectiveEarning() const {return d_effectiveEarning;} private:
int d_expectedEarning;
int d_effectiveEarning;
};
```

② 定义一个 Employee 类,该类包含两个虚函数 getBaseSalary()和 getBonus()。在该类中,实现达到部门目标时员工奖金的计算逻辑:

```
class Employee {
public:
    virtual int getBaseSalary() const { return 100; }
    virtual int getBonus(const Department& dep) const {
        if (dep.hasReachedTarget()) {
            return int(0.1 * getBaseSalary());
        }
        return 0;
    }
};
```

③ 创建另一个计算总工资的函数:

```
int getTotalComp(const Department& dep) {
    return getBaseSalary() + getBonus(dep);
}
```

④ 创建一个从 Employee 派生的 Manager 类。同样,创建相同的虚函数 getBaseSalary()和 getBonus()。在该类中,实现达到部门目标时经理奖金的计算逻辑:

```
class Manager : public Employee {
public:
    virtual int getBaseSalary() const override { return 150; }
    virtual int getBonus(const Department& dep) const override {
        if (dep.hasReachedTarget()) {
            int additionalDeparmentEarnings = dep.effectiveEarning() - dep.expectedEarning();
            return int(0.2 * getBaseSalary() + 0.01 * additionalDeparmentEarnings);
        }
        return 0;
    }
};
```

⑤ 实现 main()程序,并运行程序,输出如下:

```
Employee:110. Manager:181
```

7.6 C＋＋中的接口

在上一节中,我们了解了如何定义虚方法,以及编译器在调用虚方法时如何进行动态分派,在本章中也讨论了接口,但从未说明接口的概念。

接口是代码指定协定的一种方式,调用者需要提供该协定才能调用某些功能。在讨论模板及模板对使用其类型的需求时,学习了非正式定义。接收参数作为接口的函数和方法意在告知我们:为了执行某特定动作,函数或方法需要一些特定功能,而这些功能由我们来提供。

要在C＋＋中指定接口,可以使用抽象基类(ABC)。请注意该类的名字:

- 抽象:这意味着该类不能被实例化。
- 基:这意味着它被设计成其他类的源类。

任何定义纯虚方法的类都是抽象的。纯虚方法是以"＝0"结尾的虚方法,例如:

```cpp
class Vehicle {
    public:
        virtual void turnOn() = 0;
};
```

纯虚方法是不需要定义的方法。在上述代码中,没有指定 Vehicle::turnOn()的实现,因此 Vehicle 类不能被实例化,因为没有任何代码来调用它的纯虚方法。可以从类中派生并重写纯虚方法。如果类派生自抽象基类,那么该类可以是以下任何一种:

- 另一个抽象基类:如果该类声明了一个额外的纯虚方法,或者没有重写基类的所有纯虚方法。
- 一个常规类:如果该类重写了基类的所有纯虚方法。

让我们继续上述示例:

```cpp
class GasolineVehicle: public Vehicle {
    public:
     virtual void fillTank() = 0;
};
 class Car : public GasolineVehicle {
    virtual void turnOn() override {}
    virtual void fillTank() override {}
};
```

在本例中,Vehicle 是一个抽象基类,并且由于 GasolineVehicle 没有重写 Vehicle 的所有纯虚方法,因此 GasolineVehicle 也是抽象基类。GasolineVehicle 还定义了一个附加的虚方法,Car 类将其与 Vehicle::turnOn()方法一起重写。这使得 Car 成为唯一的具体类——一个可以实例化的类。

同样的概念也适用于从多个抽象基类中派生的类：为了具体化并实例化类,需要重写所有类的所有纯虚方法。虽然抽象基类不能实例化,但可以定义指向它们的引用和指针。需要特定方法的函数和方法可以接收指向抽象基类的引用和指针,从这些函数和方法中派生的具体类的实例可以绑定到这些引用。

注意：由接口的使用者来定义接口是一种良好的编程习惯。需要特定功能来执行其操作的函数、方法或类应该定义接口。与这些实体一起使用的类应该实现这些接口。

由于 C++没有提供定义接口的专门关键字,并且接口只是简单的抽象基类,所以在设计 C++接口时,最好遵循以下原则：

- 抽象基类不应该有任何数据成员或字段。这是因为接口指定的行为应该独立于数据表示。抽象基类应该只有默认构造函数。
- 抽象基类应该定义一个虚析构函数。析构函数的定义应该是默认的：virtual~Interface()=default。在后续内容中,将看到虚析构函数的重要性。
- 抽象基类的所有方法都应该是纯虚的。该接口表示需要实现的预期功能,不纯的方法是实现。实现应该与接口分开。
- 抽象基类的所有方法都应该是公共的。与上一点类似,我们定义了一组希望调用的方法。不应该限制能够对从接口中派生的类调用该方法的类的种类。
- 抽象基类的所有方法都应该考虑单一功能。如果代码需要多种功能,那么可以创建单独的接口,并且类可以从所有这些接口派生。这使得我们可以更加容易地组合接口。考虑禁用接口上的复制、移动构造函数和赋值运算符。允许复制接口会导致之前描述的切割问题：

```
Car redCar;
Car blueCar;
Vehicle& redVehicle = redCar;
Vehicle& redVehicle = blueCar;
redVehicle = blueVehicle;
//问题：对象切割
```

在最后的赋值中,只复制了 Vehicle 的部分内容,因为已经调用了 Vehicle 类的复制构造函数。复制构造函数不是虚拟的,因此编译器调用了 Vehicle 中的实现代码,而且因为编译器只知道 Vehicle 类的数据成员（本不应该知道）,所以没有复制 Car 中定义的数据成员。这导致程序出现了一些很难识别的问题。

一个可能的解决方案是禁用接口复制：移动构造函数和赋值运算符："Interface(const Interface&)=delete;"。这样做的缺点是,编译器无法创建复制构造函数和派生类的赋值运算符。另一种方法是声明复制/移动构造函数/赋值运算符受保护,以便只有派生类可以调用它们,并且在使用它们时并不会冒险分配接口。

任务 25：检索用户信息

我们正在编写一个允许用户买卖商品的应用程序。当用户登录时,需要检索一些信息来填充他们的配置文件,例如配置文件图片和全名的 URL。

我们为世界各地许多数据中心提供服务,从而始终和用户保持较近的距离。因此,有时希望从缓存中为用户检索信息,但有时又希望从主数据库检索信息。

执行以下操作:

① 编写可以独立于数据来源的代码,因此创建一个抽象的 UserProfileStorage 类来从 UserId 检索 CustomerProfile:

```cpp
struct UserProfile {};
struct UserId {};
class UserProfileStorage {
  public:
    virtual UserProfile getUserProfile(const UserId& id) const = 0;
    virtual ~UserProfileStorage() = default;
  protected:
    UserProfileStorage() = default;
    UserProfileStorage(const UserProfileStorage&) = default;
    UserProfileStorage& operator = (const UserProfileStorage&) = default;
};
```

② 编写继承自 UserProfileStorageUserProfileCache 类:

```cpp
class UserProfileCache : public UserProfileStorage {
public:
    UserProfile getUserProfile(const UserId& id) const override {
        std::cout << "Getting the user profile from the cache" << std::endl;
        return UserProfile();
    }
};
void exampleOfUsage(const UserProfileStorage& storage) {
    UserId user;
    std::cout << "About to retrieve the user profile from the storage" << std::endl;
    UserProfile userProfile = storage.getUserProfile(user);
}
```

③ 在 main() 函数中,实例化 UserProfileCache 类并调用 exampleOfUsage 函数,如下所示:

```cpp
int main()
{
  UserProfileCache cache;
    exampleOfUsage (cache);
}
```

输出如下:

```
About to retrieve the user profile from the storage
Getting the user profile from the cache
```

7.7 动态内存

在本章中,我们遇到了动态内存这个术语。现在让我们更详细地了解动态内存的概念与功能,以及何时使用动态内存。

动态内存是内存的一部分,程序可以使用动态内存来存储对象,因此程序负责维护这些对象正确的生命周期。动态内存通常也被称为堆,可以作为堆栈的替代品,但不同的是堆栈是由程序自动处理的,并且堆栈通常是有限制的,而动态内存通常可以存储比堆栈更大的对象。程序可以与操作系统交互以获取动态内存片段,并用其存储对象,然后程序必须小心地将这些内存返回给操作系统。

在过去,开发人员需要确保调用适当的函数来获取和返回内存,但是现代 C++实现了大部分操作的自动化,所以现在更容易编写正确的程序。在本节中,我们将学习如何以及何时在程序中使用动态内存。

让我们从以下示例开始:希望编写一个创建日志类的函数。当执行测试时,会专门为测试创建一个名为 TestLogger 的日志类,而当为用户运行程序时,希望使用另一个名为 ReleaseLogger 的日志类。

在这里看到一个很好的接口——可以编写一个日志抽象基类,该类定义了日志类所需的所有方法,并从中派生出 TestLogger 和 ReleaseLogger。在进行日志记录时,所有代码都将使用对日志类的引用。

如何编写这样的函数? 需要将日志类放入到始终保持有效的存储中(直到需要日志类为止)。只根据给出的接口,无法判断实现该接口的类的大小,因为多个类都可以实现该接口,而且这些类可能有不同的大小。这使得我们无法在内存中保留空间,并将指向这些空间的指针传递给函数,以便它可以在其中存储日志类。

由于类可以有不同的大小,因此存储不仅需要保持比函数更长的有效时间,而且还需要是可变的。这就是动态内存。在 C++中,在使用动态内存时,往往需要使用两个关键字——new 和 free。

```
Car * myCar = new myCar();
```

new 表达式用来为一个新的对象创建动态内存——由 new 关键字、创建对象的类型和传递给构造函数的参数组成,并返回一个指向需求类型的指针:

```
Car * myCar = new myCar();
```

new 表达式请求足够大的动态内存来容纳创建的对象,并在该内存中实例化对象,然后返回一个指向该实例的指针。

直到程序决定删除 myCar 为止,程序都可以使用 myCar 指向的对象。要删除一个指针,可以使用 delete 表达式,该表达式由 delete 关键字和一个变量组成,该变量为指针:

```
delete myCar;
```

delete 关键字调用提供给它的指针所指向对象的析构函数,然后将最初请求的内存返回给操作系统。删除指向自动变量的指针会导致如下错误:

```
Car myCar;              //自动变量
delete &myCar;          //错误! 可能会使程序崩溃!
```

对于每个 new 表达式,只使用相同的返回指针调用 delete 表达式一次。如果忘记对 new 函数返回的对象调用 delete 函数,程序可能出现以下问题:

- 当不再需要内存时,内存无法返回到操作系统,即内存泄漏。如果这种情况在程序执行过程中反复发生,则程序将占用越来越多的内存,直到消耗掉它所能获得的所有内存。
- 无法调用对象的析构函数。

在前文中可以看到,在 C++中,应该利用 RAII,在构造函数中获取需要的资源,然后在析构函数中返还它们。如果不调用析构函数,则可能不会返还一些资源。例如,数据库的连接将保持打开状态,并且由于打开的连接太多,即使只使用一个,数据库也会难以操作。而如果对同一个指针多次调用 delete,出现的问题是,在第一个调用之后的所有调用将访问它们不应该访问的内存。结果可能会导致程序崩溃,或删除程序正在使用的其他资源,从而导致不正确的行为。

现在可以看到,当从基类中派生时,在基类中定义虚析构函数的重要性:需要确保对基类对象调用 delete 函数时调用了动态类型的析构函数。如果对基类指针调用 delete,而动态类型是派生类,将只调用基类的析构函数,而不完全析构派生类。声明基类的析构函数为虚拟的,可以确保调用派生的析构函数,因为在调用虚析构函数时使用了动态分派。

注意:每次调用 new 操作符时,都必须使用 new 返回的指针调用一次 delete 操作符。

与单一对象类似,也可以使用动态内存来创建对象数组。对于这种情况,可以使用 new[]和 delete[]表达式:"int n=15; Car * cars=new Car[n]; delete[] cars;"。new[]表达式将为 n 个 Car 实例创建足够的空间,并初始化它们,然后返回一个指向第一个元素的指针。在这里,没有为构造函数提供参数,因此该类必须有一个默认构造函数。使用 new[],可以指定需要初始化的元素数量。这与之前看到的 std::array 和内置数组不同,因为 n 可以在运行时确定。当不再需要对象时,需要对 new[]返回的指针调用 delete[]。

注意:对于每一个对 new[]的调用,必须有一个使用 new[]返回的指针的 delete[]调用。new 操作符和 new[]函数的调用,以及 delete 和 delete[]函数的调用,不能混合使用。对于数组或者单个元素而言,这两者一定要成对搭配使用。

现在我们已经了解了如何使用动态内存,并且可以编写函数来创建日志类。函数将在其体内调用 new 表达式来创建一个正确类的实例,然后返回一个指向基类的指

针,这样调用它的代码就不需要知道创建的日志类的类型:

```
Logger * createLogger() {
    if (are_tests_running()) {
        TestLogger * logger = new TestLogger();
        return logger;
    } else {
        ReleaseLogger logger = new ReleaseLogger("Release logger");
        return logger;
    }
}
```

在该函数中,需要注意以下两点:

- 即使写了两次 new 表达式,在每个函数调用中编译器也只会调用一次 new。这表明,仅仅确保输入 new 和 delete 的次数相等是不够的,还需要了解代码是如何执行的。
- 没有调用 delete,这意味着调用 createLogger 函数的代码需要确保调用了 delete。

从这两点中可以看到手动管理内存容易出错的原因,以及应该尽可能避免手动管理内存。请看以下正确调用函数的示例:

```
Logger * logger = createLogger();
myOperation(logger, argument1, argument2);
delete logger;
```

如果 myOperation 没有在日志类上调用 delete,这是动态内存的正确使用方式。动态内存是十分强大的工具,但是手动操作存在风险,而且很容易出错。幸运的是,现代 C++提供了一些工具来简化使用动态内存的方法,这使得我们可以不直接使用 new 和 delete 来编写整个程序。我们将在下一节中看到如何实现该功能。

7.8　安全易用的动态内存

在上一节中,我们了解了动态内存在处理接口时的作用,特别是在创建派生类的新实例时的作用。还看到了使用动态内存的困难——需要确保成对地调用 new 和 delete,如果不这样做,就会对程序产生负面影响。但幸运的是,自从 C++ 11 以来,标准库中有一些有助于克服这些限制的工具——智能指针。

智能指针是行为类似于指针的类型,也被称为原始指针,但具有额外的功能。我们将学习来自标准库的两个智能指针:std::unique_ptr 和 std::shared_ptr(读作唯一指针和共享指针)。这两个指针都是为了让开发人员从确保适当调用 delete 的复杂性中解脱出来。它们代表了不同的所有权模式。对象的所有者是决定对象生存周期的代码——这部分代码决定了创建对象和销毁对象的时间。通常,所有权与函数或方法的作用域相关联,因为自动变量的生命周期是由所有权控制的:

```
void foo() {
    int number;
    do_action(number);
}
```

在本例中,foo()的作用域拥有 number 对象,它将确保在作用域退出时销毁该对象。

另外,当类的数据成员将对象声明为值类型时,类也可以拥有对象。在这种情况下,对象的生命周期将与类的生命周期相同:

```
class A { int number; };
```

number 在类 A 被构造时被构造,在类 A 被销毁时被销毁。该过程自动完成的,因为字段 number 被嵌入到类中,类的构造函数和析构函数将自动初始化 number。

在动态内存中管理对象时,编译器不再强制执行所有权,但是将所有权的概念应用到动态内存中会有所帮助——所有者将决定何时删除对象。

当对象被分配给函数内部的新调用时,函数可以是对象的所有者,如下所示:

```
void foo() {
    int * number = new number();
    do_action(number);
    delete number;
}
```

通过在构造函数中调用 new 并在字段中存储指针,然后在析构函数中调用 delete,类也可以拥有对象:

```
class A {
    A() : number(new int(0)) {
    }
    ~A() {
        delete number;
    }
    int * number;
};
```

动态对象的所有权也可以传递。

我们在前面看到了一个使用 createLogger 函数的示例。该函数创建一个 Logger 的实例,然后将所有权传递给父类作用域。父类作用域负责确保对象是有效的,直到该对象在程序中被访问并在之后被删除。

智能指针允许在指针类型中指定所有权,并确保它能够被实现,这样就不必再手动跟踪它了。

7.8.1　使用 std::unique_ptr

unique_ptr 是默认使用的指针类型。唯一指针指向具有单一所有者的对象；程序中只有一处地方能够决定何时删除对象。前文中的日志类就是这样一个示例：程序中只有一处地方能够决定何时删除对象。因为我们希望只要程序运行，那么日志类就可以使用，从而始终能够记录信息，所以只在程序结束时销毁日志类。

唯一指针保证了所有权的唯一性：唯一指针不能被复制。这意味着一旦我们为对象创建了唯一指针，那么该对象只能拥有一个唯一指针。此外，当唯一指针被销毁时，编译器会删除该指针拥有的对象。这样，我们就有了一个具体的对象，该对象告诉我们所创建的对象的所有权，并且我们不必手动确保只有一处地方对该对象调用 delete。

唯一指针是一个模板，它可以接收一个参数：对象的类型。可以将前文中的示例重新编写如下：

```
std::unique_ptr <Logger> logger = createLogger();
```

虽然这段代码可以编译，但我们并没有遵守前文提到的关于始终使用智能指针表示所有权的准则：createLogger 返回一个原始指针，但它将所有权传递给父类作用域。我们可以更新 createLogger 的签名来返回一个智能指针：

```
std::unique_ptr <Logger> createLogger();
```

现在签名表达了我们的意图，可以更新实现代码来使用智能指针。

正如前文中提到的，在使用智能指针时，代码库不应该在任何地方使用 new 和 delete。从 C++ 14 开始，标准库提供的 std::make_unique 函数使得这种情形成为可能。make_unique 是一个模板函数，该模板接收需要创建的对象类型，并在动态内存中创建，然后将参数传递给对象的构造函数，并返回一个唯一指针：

```
std::unique_ptr <Logger> createLogger()
{
  if (are_tests_running())
  {
    std::unique_ptr <TestLogger>
logger = std::make_unique <TestLogger> ();
    return logger; //日志类被隐式移动
  } else {
    std::unique_ptr <ReleaseLogger>
logger = std::make_ unique <ReleaseLogger> ("Release logger");
    return logger; //日志类被隐式移动
  }
}
```

该功能有以下三个要点：
- 体内不再有 new 表达式，它已被 make_ unique 取代。make_unique 函数调用

起来十分简单,因为可以提供需要传递给该类型构造函数的所有参数,并且编译器会自动创建它。

● 为派生类创建 unique_ptr,但为基类返回 unique_ptr。实际上,unique_ptr 模拟了原始指针将派生类的指针转换为基类指针的能力。这使得使用 unique_ptr 就像使用原始指针一样简单。

● 可以移动 unique_ptr。如前所述,不能复制 unique_ptr,但是程序会从一个函数返回,所以必须使用一个值;否则,在函数返回后引用将无效,这正如在第 3 章中看到的那样。

虽然无法复制 unique_ptr,但可以移动 unique_ptr。当移动 unique_ptr 时,会转移它指向的值接收者对象的所有权。在本例中返回值,因此将所有权转移给函数的调用者。

请看如何重新编写包含 number(前文中所展示的)的类:

```
class A {
    A(): number(std::make_unique <int> ()) {}
    std::unique_ptr <int> number;
};
```

由于 unique_ptr 在销毁对象时会自动删除对象,所以不必为类编写析构函数,这使得编写代码更容易。如果需要传递一个指向对象的指针,并且不需要转移所有权,可以对原始指针使用 get()方法。需要谨记,原始指针不应该用于所有权,并且不应该对接收原始指针的代码调用 delete。由于这些特性,在跟踪对象所有权时,unique_ptr 应该是默认选择。

7.8.2　std::shared_ptr

shared_ptr 表示具有多个所有者的对象:多个对象中的一个将删除所拥有的对象。例如,可以建立一个由多个线程建立的 TCP 连接,该连接用于发送数据。每个线程可以使用 TCP 连接发送数据,然后终止。最后一个线程完成执行后,想删除 TCP 连接,但该连接并不总是终止于相同的线程;它可以终止于任何一个线程。或者,如果正在建立一个连接节点的模型图,当某一节点的所有连接都被移除时,可能希望在从图中删除该节点。unique_ptr 并不能解决这些问题,因为对象并没有单一所有者。

在这些情况下,可以使用 shared_ptr:shared_ptr 可以被复制很多次,并且指针指向的对象直到最后一个 shared_ptr 被销毁,都会保持有效。这意味着,只要至少有一个 shared_ptr 实例指向该对象,就能够保证该对象保持有效。请看以下使用 shared_pt 的示例:

```
class Node {
    public:
        void addConnectedNode(std::shared_ptr <Node> node);
        void removeConnectedNode(std::shared_ptr <Node> node);
```

```
private:
    std::vector <std::shared_ptr <Node >> d_connections;
};
```

在这里可以看到,将许多实例保存到节点。如果有一个指向节点的 shared_ptr 实例,就可以确保节点存在,但是当删除共享指针后,并不关心节点的存在:它可能被删除;如果有另一个节点连接到它,则也可能被保留。

与 unique_ptr 类似,当想要创建一个新的节点时,可以使用 std::make_shared 函数,该函数接收对象的类型来构造模板参数,同时也接收参数来传递给对象的构造函数,并返回指向对象的 shared_ptr。

用户可能已经注意到,在展示的示例中存在一个问题:如果节点 A 连接到节点 B,而节点 B 连接到节点 A,会发生什么情况?

两个节点都有指向彼此的 shared_ptr 实例,即使没有其他节点与它们有连接,它们也将保持有效,因为对它们的 shared_ptr 实例是存在的。这是循环依赖的典型示例。在使用共享指针时,必须注意这些情况。标准库提供了一种不同类型的指针来处理这些情况:std::weak_ptr(读作弱指针)。weak_ptr 是一个智能指针,可以与 shared_ptr 一起使用,用于解决程序中可能出现的循环依赖问题。

通常,shared_ptr 足以处理 unique_ptr 不起作用的大多数情况,它们一起涵盖了代码库中动态内存大部分的使用。最后,如果想为只有在运行时才知道大小的数组使用动态内存,也并非束手无策的。unique_ptr 可以用于数组类型,而从 C++ 17 开始,shared_ptr 也可以用于数组类型:

```
std::unique_ptr <int[]> ints = std::make_unique <int[]>();
std::shared_ptr <float[]> floats = std::make_shared <float[]>();
```

任务 26:为 UserProfileStorage 创建一个 Factory

代码需要创建 UserProfileStorage 接口的新实例,在 7.6 节的"任务 25:检索用户信息"中编写过该接口:

① 编写一个新的 UserProfileStorageFactory 类。创建一个返回 UserProfileStorage 的新 create 方法。

② 在 UserProfileStorageFactory 类中返回 unique_ptr,以便它能够管理接口的生命周期:

```
class UserProfileStorageFactory {
public:
    std::unique_ptr <UserProfileStorage> create() const {
        //创建并返回内存
    }
};
```

③ 在 main()函数中,调用 UserProfileStorageFactory 类。

任务 27：使用数据库连接多个操作

在在线商店中,当用户支付了购买费用后,我们希望更新他们的订单列表,以便能够在他们的个人资料中显示订单。同时,还需要安排订单的处理时间。为此,需要更新数据库中的记录。我们并不希望等待一个操作来执行另一个操作,所以在操作的同时进行更新:

① 创建一个可以并行使用的 DatabaseConnection 类。希望尽可能多地复用它,并且可以使用 std::async 来启动一个新的并行任务。

② 假设有两个函数 updateOrderList(DatabaseConnection&) 和 scheduleOrderProcessing(DatabaseConnection&)。编写两个函数 updateWithConnection() 和 scheduleWithConnection(),这两个函数使用一个指向 DatabaseConnection 共享指针,并分别调用上述定义的函数:

```
void updateWithConnection(std::shared_ptr <DatabaseConnection> connection)
{
    updateOrderList( * connection);
}
void scheduleWithConnection(std::shared_ptr <DatabaseConnection> connection) {
    scheduleOrderProcessing( * connection);
}
```

③ 使用 shared_ptr 并保留 shared_ptr 的副本,以确保连接仍然有效。

④ 接下来,编写 mian() 函数。在 main() 函数中,创建一个指向 connection 的共享指针,然后调用 std::async 与上述定义的两个函数,如下所示:

```
int main()
{
    std::shared_ptr <DatabaseConnection> connection = std::make_ shared <DatabaseConnection> ();
    std::async(std::launch::async, updateWithConnection, connection);
    std::async(std::launch::async, scheduleWithConnection, connection);
}
```

输出如下:

```
Updating order and scheduling order processing in parallel
Schedule order processing
Updating order list
```

7.9　总　结

在本章中,首先,我们看到了如何在 C++ 中使用继承来组合类;了解了基类以及派生类的概念,如何编写派生自另一个类的类,以及如何控制可见性修饰符;讨论了如何通过调用基类构造函数在派生类中初始化基类。

然后,我们了解了多态以及 C++动态地将派生类的指针或引用绑定到基类的指针或引用的能力;学习了函数分派的概念,并了解了默认情况下函数是如何静态分派的,以及如何使用 virtual 关键字使其动态分派;接着探讨了如何正确编写虚函数以及如何重写它们,需要确保使用 override 关键字标记这些重写的函数。

接下来,我们学习了如何使用抽象基类定义接口,以及如何使用纯虚方法;还提供了如何正确定义接口的指导原则;学习了动态内存和它能够解决的问题,但是也看到了使用动态内存容易出现的错误。

在本章的结尾,我们展示了现代 C++是如何通过提供处理复杂细节的智能指针来轻松地使用动态内存的:unique_ptr 用于管理具有单一所有者的对象,shared_ptr 用于管理由多个对象拥有的对象。

所有这些工具都可以有效地帮助我们编写更可靠、更易于发展和维护的程序,而这也正体现了 C++较高的性能。

附　　录

第 2 章——入门指南

任务 1：使用 while 循环查找在 1～100 之间能够被 7 整除的数

① 在 main()函数之前，引入所有需要的头文件：

```
#include <iostream>
```

② 在 main()函数内部，创建一个 unsigned 类型的变量 i，并将其值初始化为 1：

```
unsigned i = 1;
```

③ 使用 while 循环，并添加 i 的值应该小于 100 的逻辑语句：

```
while ( i < 100){ }
```

④ 在 while 循环的范围内，使用 if 语句，逻辑如下：

```
if (i%7 == 0){
    std::cout << i << std::endl;
}
```

⑤ 增加变量 i 的值，通过 while 循环来验证上述条件：

```
i++;
```

输出如下：

```
7
14
21
28
⋮
98
```

任务 2：定义一个二维数组并初始化其元素

① 创建一个 C++文件后，在程序的开头引入以下头文件：

```
#include <iostream>
```

② 在 main()函数中，创建一个名为 foo、元素为整型的 3 行 3 列二维数组，如下所示：

```
int main()
{
    int foo[3][3];
```

③ 使用嵌套的 for 循环来遍历 foo 数组的每个元素：

```
for (int x = 0; x < 3; x++){
    for (int y = 0; y < 3; y++){
    }
}
```

④ 在第二层 for 循环中，添加以下语句：

```
foo[x][y] = x + y;
```

⑤ 再次遍历数组以打印元素的值：

```
for (int x = 0; x < 3; x++){
    for (int y = 0; y < 3; y++){
        std::cout << "foo[" << x << "][" << y << "]: " << foo[x][y] << std::endl;
    }
}
```

输出如下：

```
foo[0][0]: 0
foo[0][1]: 1
foo[0][2]: 2
foo[1][0]: 1
foo[1][1]: 2
foo[1][2]: 3
foo[2][0]: 2
foo[2][1]: 3
foo[2][2]: 4
```

第 3 章——函数

任务 3：核查投票资格

① 在程序中引入头文件，如下所示：

```
# include <iostream>
```

② 创建一个名为 byreference_age_in_5_years 的函数，并使用以下条件执行 if 循环来打印消息：

```
void byreference_age_in_5_years(int& age) {
    if (age >= 18) {
        std::cout << "Congratulations! You are eligible to vote for your nation." <<
```

```
std::endl;
                return;
```

③ 再添加一个 else 块,用于解决用户年龄小于 18 岁的情况:

```
    } else{
      int reqAge = 18;
      int yearsToGo = reqAge − age;
    std::cout << "No worries, just " << yearsToGo << " more years to go."
     << std::endl;
    }
  }
```

④ 在 main()函数中,创建一个整数类型的变量,并将其作为引用传递给 byreference_age_in_5_years 函数,如下所示:

```
int main() {
    int age;
    std::cout << "Please enter your age:";
    std::cin >> age;
    byreference_age_in_5_years(age);
}
```

任务 4:按引用传递和按值传递在函数中的应用

① 引入所有需要的头文件后,创建第一个函数,它的返回值为整数类型,如下所示:

```
int sum( int a, int b)
{
  return a + b }
```

这里创建的函数接收的参数和返回值都是数值,因为 int 类型在内存中占用很少的空间,所以并不需要使用引用。

② 第二个函数如下编写:

```
int& getMaxOf(std::array <int, 10> & array1, std::array <int, 10> & array2, int index) {
  if (array1[index] >= array2[index]) {
    return array1[index];
  } else {
    return array2[index];
  }
}
```

任务 5:在命名空间中组织函数

① 为了打印出需要的结果,首先要引入所需的头文件和命名空间:

```
#include <iostream>
using namespace std;
```

② 创建一个名为 LamborghiniCar 的命名空间,并使其包含一个 output 函数:

```
namespace LamborghiniCar
{
  int output(){
    std::cout << "Congratulations! You deserve the Lamborghini." << std::endl;
    return NULL;
  }
}
```

③ 创建另一个名为 PorscheCar 的命名空间,并在其中添加一个 output 函数,如下所示:

```
namespace PorscheCar
{
  int output(){
    std::cout << "Congratulations! You deserve the Porsche." << std::endl;
    return NULL;
  }
}
```

在 main()函数中,创建一个名为 magicNumber 的整数类型的变量来接收用户的输入:

```
int main()
{
  int magicNumber;
  std::cout << "Select a magic number (1 or 2) to win your dream car: ";
  std::cin >> magicNumber;
```

④ 添加以下 if…else-if…else 条件语句来完成程序:

```
  if (magicNumber == 1){
    std::cout << LamborghiniCar::output() << std::endl;
  } else if(magicNumber == 2){
    std::cout << PorscheCar::output() << std::endl;
  }else{
    std::cout << "Please type the correct magic number." << std::endl;
  }
}
```

任务 6:为 3D 游戏编写数学库

① 在程序开头引入所需的头文件(提供 mathlib.h 文件):

```
# include <mathlib.h>
# include <array>
# include <iostream>
```

② 创建一个限定为常量的 float 类型全局变量,如下所示:

```
const float ENEMY_VIEW_RADIUS_METERS = 5;
```

③ 在 main()函数中,创建两个 float 类型的数组并赋值如下:

```
int main() {
    std::array <float, 3> enemy1_location = {2, 2 ,0};
    std::array <float, 3> enemy2_location = {2, 4 ,0};
```

④ 创建一个名为 enemy_distance、类型为 float 的变量,并且在使用 distance 函数计算出该变量的值后将其赋给该变量:

```
float enemy_distance = johnny::mathlib::distance(enemy1_location, enemy2_location);
float distance_from_center = johnny::mathlib::distance(enemy1_ location);
```

⑤ 利用 mathlib.h 中的 circumference 函数计算出敌人的可视半径,并将其分配到 float 类型的 view_circumference_for_enemy 变量中:

```
using johnny::mathlib::circumference;
float view_circumference_for_enemy = circumference(ENEMY_VIEW_RADIUS_ METERS);
```

⑥ 创建一个名为 total_distance、类型为 float 的变量,并把两个敌人之间的距离赋给该变量,如下所示:

```
float total_distance = johnny::mathlib::total_walking_distance({
    enemy1_location,
    {2, 3, 0}, // y += 1
    {2, 3, 3}, // z += 3
    {5, 3, 3}, // x += 3
    {8, 3, 3}, // x += 3
    {8, 3, 2}, // z -= 1
    {2, 3, 2}, // x -= 6
    {2, 3, 1}, // z -= 1
    {2, 3, 0}, // z -= 1
    enemy2_location});
```

⑦ 使用以下打印语句进行输出:

```
std::cout << "The two enemies are " << enemy_distance << "m apart and can see for a circ-
umference of " << view_circumference_for_enemy << "m. To go to from one to the other they need
to walk " << total_distance << "m.";
}
```

第4章——类

任务7：使用访问器和调整器来实现信息隐藏

① 在私有访问说明符下定义一个名为 Coordinates 的类及其成员：

```cpp
class Coordinates {
    private:
        float latitude;
        float longitude;
};
```

② 添加上述指定的 4 个操作，并通过在它们的声明之前使用公共访问说明符使它们可以被公开访问。调整器（set_latitude 和 set_longitude）应该采用一个 int 类型作为参数并返回 void 类型，而访问器不采用任何参数并返回一个 float 类型：

```cpp
class Coordinates {
    private:
        float latitude;
        float longitude;
    public:
        void set_latitude(float value){}
        void set_longitude(float value){}
        float get_latitude(){}
        float get_longitude(){}
};
```

③ 现在就可以实现这 4 个方法了。调整器将给定的值赋给它们应该设置的相应成员；访问器返回存储的值。

```cpp
class Coordinates {
    private:
        float latitude;
        float longitude;
    public:
        void set_latitude(float value){ latitude = value; }
        void set_longitude(float value){ longitude = value; }
        float get_latitude(){ return latitude; }
        float get_longitude(){ return longitude; }
};
```

示例如下：

```cpp
#include <iostream>
int main() {
    Coordinates washington_dc;
```

```
    std::cout << "Object named washington_dc of type Coordinates created."
     << std::endl;

    washington_dc.set_latitude(38.8951);
    washington_dc.set_longitude(-77.0364);
    std::cout << "Object's latitude and longitude set." << std::endl;

    std::cout << "Washington DC has a latitude of "
     << washington_dc.get_latitude()
     << " and longitude of " << washington_dc.get_longitude() << std::endl;
}
```

任务 8：表示二维地图中的位置

① 创建一个名为 Coordinates 的类，该类包含了点的坐标作为其数据成员。坐标由两个浮点值_latitude 和_longitude 构成。此外，这些数据成员使用私有访问说明符进行初始化：

```
class Coordinates {
    private:
     float _latitude;
     float _longitude;
};
```

② 类被一个公共构造函数扩展，该构造函数接收两个用于初始化类数据成员的参数：

```
class Coordinates {
    public:
    Coordinates(float latitude, float longitude)
     : _latitude(latitude), _longitude(longitude) {}
    private:
     int _latitude;
      int _longitude;
};
```

③ 还可以添加访问器来访问类成员，如下所示：

```
#include <iostream>
int main() {
    Coordinates washington_dc(38.8951, -77.0364);
    std::cout << "Object named washington_dc of type Coordinates created."
     << std::endl;

    std::cout << "Washington DC has a latitude of "
     << washington_dc.get_latitude()
```

```
    << " and longitude of " << washington_dc.get_longitude()
    << std::endl;
}
```

任务 9：存储地图上不同位置的坐标

① 使用 RAII 编程风格，编写一个管理 int 类型数组的内存分配和删除的类。该类有一个用于存储值的整数数组作为成员数据。

● 构造函数将数组的大小作为参数。

● 构造函数还负责分配用于存储坐标的内存。

② 定义一个析构函数并确保释放之前分配的数组。

③ 可以添加打印语句来使以上过程可视化：

```cpp
class managed_array {
  public:
    explicit managed_array(size_t size) {
      array = new int[size];
      std::cout << "Array of size " << size << " created." << std::endl;
    }
  ~managed_array() {
    delete[] array;
    std::cout << "Array deleted." << std::endl;
  }
  private:
    int * array;
};
```

④ 可以按照如下方式使用 managed_array 类：

```cpp
int main() {
    managed_array m(10);
}
```

输出如下：

```
Array of size 10 created.
Array deleted.
```

任务 10：能够创建 Apple 实例的 AppleTree 类

① 创建一个具有私有构造函数的类。这样，编译器就无法构造对象，因为构造函数不能公开访问：

```cpp
class Apple {
    private:
        Apple() {}
        //不执行任何操作
```

```
};
```

② 定义 AppleTree 类,该类包含一个名为 createFruit 的方法,该方法负责创建并返回 Apple:

```
# include <iostream>
class AppleTree {
  public:
    Apple createFruit(){
      Apple apple;
      std::cout << "apple created!" << std::endl;
       return apple;
    }
};
```

如果编译这段代码,编译器会警告错误。此时,Apple 构造函数是私有的,因此 AppleTree 类不能访问它。需要声明 AppleTree 类作为 Apple 的友元,从而允许 AppleTree 访问 Apple 的私有方法:

```
class Apple
{
  friend class AppleTree;
   private:
    Apple() {}
    //不执行任何操作
}
```

③ 使用以下代码构建 Apple 对象:

```
int main() {
  AppleTree tree;
  Apple apple = tree.createFruit();
}
```

输出如下:

apple created!

任务 11: 排序点对象

① 需要为前文中定义的 Point 类添加"<"运算符的重载。该重载运算符采用另一个 Point 类型的对象作为参数,并返回一个布尔类型值,用于指示该对象是否小于作为参数提供的对象。比较标准如前文所示:

```
class Point {
  public:
    bool operator < (const Point &other){
      return x < other.x || (x == other.x && y < other.y);
```

```
        }
    int x;
    int y;
};
```

② 比较两个 Point 对象：

```
# include <iostream>
int main() {
    Point p_1, p_2;
    p_1.x = 1;
    p_1.y = 2;
    p_2.x = 2;
    p_2.y = 1;
    std::cout << std::boolalpha << (p_1 < p_2) << std::endl;
}
```

③ 由于在示例中 p_1.x 被初始化为 1，p_2.x 被初始化为 2，因此比较结果为真，这意味着 p_1 将被排在 p_2 之前。

任务 12：仿函数的应用

① 定义一个由 int 类型的私有数据成员组成的类，并添加一个构造函数来初始化它：

```
class AddX {
    public:
        AddX(int x) : x(x) {}
    private:
        int x;
};
```

② 使用调用操作符 operator()扩展该类，该操作符接收一个 int 值作为参数并返回一个 int 值。函数体中的实现代码应该返回之前定义的 x 值和函数的参数 y 之和：

```
class AddX {
    public:
        AddX(int x) : x(x) {}
        int operator() (int y) { return x + y;
    }
    private:
        int x;
};
```

③ 将上述类的一个对象实例化，并调用操作符：

```
int main() {
    AddX add_five(5);
```

```
    std::cout << add_five(4) << std::endl;
}
```

输出如下：

9

第 5 章——泛型编程和模板

任务 13：从连接中读取对象

① 引入提供连接和用户账户对象的头文件：

```
# include <iostream>
# include <connection.h>
# include <useraccount.h>
```

② 编写 writeObjectToConnection 函数。声明一个模板，该模板接收两个 typename 参数：Object 和 Connection。在对象上调用静态方法 serialize()来获取表示该对象的 std::array，然后在连接上调用 writeNext()来写入数据：

```
template <typename Object, typename Connection>
void writeObjectToConnection(Connection& con, const Object& obj) {
    std::array <char, 100> data = Object::serialize(obj);
    con.writeNext(data);
}
```

③ 编写 readObjectFromConnection。声明一个模板，同样使用两个 typename 参数：Object 和 Connection。在内部调用连接 readNext()来获取存储在连接内部的数据，然后在对象上调用静态方法 deserialize()来获取对象的实例并将其返回：

```
template <typename Object, typename Connection>
Object readObjectFromConnection(Connection& con) {
    std::array <char, 100> data = con.readNext();
    return Object::deserialize(data);
}
```

④ 在 main()函数中，可以调用之前创建的两个函数来序列化对象。先使用 Tcp-Connection 调用：

```
std::cout << "serialize first user account" << std::endl;
UserAccount firstAccount;
TcpConnection tcpConnection;
writeObjectToConnection(tcpConnection, firstAccount);
 UserAccount transmittedFirstAccount =
readObjectFromConnection <UserAccount> (tcpConnection);
```

⑤ 再使用 UdpConnection 调用：

```
std::cout << "serialize second user account" << std::endl;
UserAccount secondAccount;
UdpConnection udpConnection;
writeObjectToConnection(udpConnection, secondAccount);
UserAccount transmittedSecondAccount =
readObjectFromConnection <UserAccount> (udpConnection);
```

输出如下：

serialize first user account the user account has been serialized the data has been written
the data has been read

the user account has been deserialized

serialize second user account the user account has been serialized the data has been written the data has been read the user account has been deserialized

任务 14：创建一个支持多种货币的用户账号

① 引入定义货币的头文件：

```
#include <currency.h>
#include <iostream>
```

② 声明模板类 Account，该模板类应该接收一个模板参数 Currency。将账户的当前余额存储在 Currency 类型的一个数据成员中。还提供了一个获取当前余额数值的方法：

```
template <typename Currency> class Account {
    public:
      Account(Currency amount) : balance(amount) {}
      Currency getBalance() const {
          return balance;
      }
    private:
      Currency balance;
};
```

③ 创建方法 addToBalance，该方法为具有一个类型参数的模板，其类型参数为另一种货币。该方法接收一个 OtherCurrency 类型的值，并使用 to() 函数来指定该值应转换为的货币类型，从而将其转换为当前账户的货币值，然后把它加到余额中：

```
template <typename OtherCurrency> void
addToBalance(OtherCurrency amount) {
    balance.d_value += to <Currency> (amount).d_value;
}
```

④ 用一些数据来尝试在 main() 函数中调用创建的类：

```
Account <GBP> gbpAccount(GBP(1000));
```

```
//添加不同的货币
std::cout << "Balance: " << gbpAccount.getBalance().d_value << " (GBP)" << std::endl;
gbpAccount.addToBalance(EUR(100)); std::cout << " + 100 (EUR)" << std::endl;
std::cout << "Balance: " << gbpAccount.getBalance().d_value << " (GBP)" << std::endl;
```

输出如下:

```
Balance: 1000 (GBP)
 + 100 (EUR)
Balance: 1089 (GBP)
```

任务 15：为游戏中的数学运算编写一个 Matrix 类

① 定义一个 Matrix 类,该类接收 3 个模板参数：一个类型和 Matrix 类的两个维度(即行数与列数,均为 int 类型)。在内部创建一个 std::array,其大小即为 Matrix 类的行数与列数的乘积,这样就有足够的空间来容纳矩阵中的所有元素。添加两个构造函数,其中一个用于初始化数组为空,另一个用于提供一个值列表：

```
#include <array>
template <typename T, int R, int C> class
Matrix {
    //存储 row_1, row_2, ..., row_C
    std::array <T, R * C> data;    public:
    Matrix() : data({}) {}
    Matrix(std::array <T, R * C> initialValues) : data(initialValues) {}
};
```

② 向类中添加一个方法 get(),以返回对元素 T 的引用。该方法需要获取想要访问的行和列。

③ 需要确保所请求的索引位于矩阵的范围内,否则将调用 std::abort()。在数组中,首先存储第一行的所有元素,然后存储第二行的所有元素,依次类推。所以,当想要访问第 n 行的元素时,需要跳过前几行的所有元素,前几行的元素数目就是每行元素数(即列数)乘以行数：

```
T& get(int row, int col) {
    if (row >= R || col >= C) {
        std::abort();
    }
    return data[row * C + col];
}
```

④ 为了方便起见,还定义了一个用于打印类的函数。打印出的相邻两列元素之间均以空格分隔：

```
template <typename T, size_t R, size_t C>
std::ostream& operator << (std::ostream& os, Matrix <T, R, C> matrix) {
```

```
        os << '\n';
    for(int r = 0; r < R; r++) {
        for(int c = 0; c < C; c++) {
            os << matrix.get(r, c) << ' ';
        }
        os << "\n";
    }
    return os;
}
```

⑤ 在 main()函数中使用定义的函数：

```
Matrix <int, 3, 2> matrix({
    1, 2,
    3, 4,
    5, 6
});
std::cout << "Initial matrix:" << matrix << std::endl; matrix.get(1, 1) = 7;
std::cout << "Modified matrix:" << matrix << std::endl;
```

输出如下：

```
Initial matrix:
1 2
3 4
5 6
Modified matrix:
1 2
3 7
5 6
```

附加步骤如下：

① 可以添加一个新方法，multiply，该方法接收一个类型为 T、长度为 C 的 std::array。因为并不修改该 std::array，所以通过常量引用接收它。该函数返回一个相同类型的数组，但该数组长度为 R。

② 根据矩阵-向量乘法的定义，计算出结果：

```
std::array <T, R> multiply(const std::array <T, C> & vector){
    std::array <T, R> result = {};
    for(size_t r = 0; r < R; r++) {
        for(size_t c = 0; c < C; c++) {
            result[r] += get(r, c) * vector[c];
        }
    }
    return result; }
```

③ 扩展 main() 函数来调用 multiply 函数:

```
std::array <int, 2> vector = {8, 9};
std::array <int, 3> result = matrix.multiply(vector);
std::cout << "Result of multiplication: [" << result[0] << ", "    << result[1] << ",
" << result[2] << "]" << std::endl;
```

输出如下:

```
Result of multiplication: [26, 87, 94]
```

任务 16: 提高 Matrix 类的可用性

① 从引入 <functional> 头文件开始,以便访问 std::multiplies:

```
#include <functional>
```

② 更改类 template 中模板参数的顺序,使参数按大小顺序排列。还添加了一个新的模板参数 Multiply,默认情况下将使用它来计算向量中元素的乘法,然后将它的一个实例存储在类中:

```
template < int R, int C, typename T = int, typename
Multiply = std::multiplies <T>>
class Matrix {
    std::array <T, R * C> data;
    Multiply multiplier;
    public:
    Matrix() : data({}), multiplier() {}
    Matrix(std::array <T, R * C> initialValues) : data(initialValues), multiplier(){}};
```

get() 函数与前一个任务中的 get() 函数保持相同。

③ 现在需要确保 Multiply 方法使用用户提供的 Multiply 类型来执行乘法。

④ 为此,需要确保调用 multiplier(operand1, operand2) 而不是 operand1 * operand2,这样就可以确保使用存储在类中的实例:

```
std::array <T, R> multiply(const std::array <T, C> & vector) {
    std::array <T, R> result = {};
    for(int r = 0; r < R; r++) {
        for(int c = 0; c < C; c++) {
            result[r] += multiplier(get(r, c), vector[c]);
        }
    }
    return result;
}
```

⑤ 添加一个使用该类的示例:

```
//创建一个 int 类型的矩阵,默认情况下,该矩阵包含"加法"操作
```

```
Matrix < 3, 2, int, std::plus <int> matrixAdd({
    1, 2,
    3, 4,
    5, 6
});
std::array <int, 2> vector = {8, 9};
//当执行乘法时,编译器将调用
std::plus std::array <int, 3> result = matrixAdd.multiply(vector);
std::cout << "Result of multiplication(with +):
 [" << result[0] << ", "
            << result[1] << ", " << result[2] << "]" << std::endl;
```

输出如下:

```
Result of multiplication(with +):[20, 24, 28]
```

任务 17:确保用户在对账户执行操作时已处于登录状态

① 声明一个模板函数,该函数模板接收两个类型参数:Action 和 Parameter 类型。

② 该函数应该接收用户标识、操作和参数。该参数作为转发引用被接收。首先应该通过调用 isLoggenIn()函数来检查用户是否已经登录。如果用户已经登录,则应该调用 getUserCart()函数,然后调用传递 cart 和转发参数的动作:

```
template <typename Action, typename Parameter>
void execute_on_user_cart(UserIdentifier user, Action action, Parameter&& parameter) {
    if(isLoggedIn(user)) {
        Cart cart = getUserCart(user);
        action(cart, std::forward <Parameter> (parameter));
    } else {
        std::cout << "The user is not logged in" << std::endl;
    }
}
```

③ 可以在 main()函数中调用 execute_on_user_cart 来测试该函数是如何工作的:

```
Item toothbrush{1023};
Item toothpaste{1024};
UserIdentifier loggedInUser{0};
std::cout << "Adding items if the user is logged in" << std::endl; execute_on_user_cart
(loggedInUser, addItems, std::vector <Item> ({toothbrush, toothpaste}));
UserIdentifier loggedOutUser{1}; std::cout << "Removing item if the user is logged in"
 << std::endl; execute_on_user_cart(loggedOutUser, removeItem, toothbrush);
```

输出如下:

```
Adding items if the user is logged in
```

Items added

Removing item if the user is logged in

The user is not logged in

任务 18：使用任意数量的参数安全地执行用户购物车上的操作

① 需要扩展前面的活动,以接收任意数量的参数(无论其是否引用),并将其传递给所提供的操作。为此,需要创建可变参数模板。

② 声明一个模板函数,并使其接收一个代表操作的函数和可变数量的参数作为模板参数。函数参数应该是用户操作、要执行的操作和扩展模板参数包,需要确保参数作为转发引用被接收。

③ 在函数内部执行和以前一样的检查,但是现在在将参数传递到操作函数时会对函数进行扩展：

```
template <typename Action, typename... Parameters>
void execute_on_user_cart(UserIdentifier user, Action action,
Parameters&&... parameters) {
    if(isLoggedIn(user)) {
        Cart cart = getUserCart(user);
        action(cart, std::forward <Parameters> (parameters)...);
    } else {
        std::cout << "The user is not logged in" << std::endl;
    }
}
```

④ 在 main()函数中测试这个新函数：

```
Item toothbrush{1023};
Item apples{1024};
UserIdentifier loggedInUser{0};
std::cout << "Replace items if the user is logged in" << std::endl; execute_on_user_cart
(loggedInUser, replaceItem, toothbrush, apples);
UserIdentifier loggedOutUser{1};
std::cout << "Replace item if the user is logged in" << std::endl; execute_on_user_cart
(loggedOutUser, removeItem, toothbrush);
```

输出如下：

Replace items if the user is logged in

Replacing item

Item removed

Items added

Replace item if the user is logged in

The user is not logged in

第 6 章——标准库容器和算法

任务 19：存储用户账户

① 引入 array 类的头文件和输入/输出操作所需的命名空间：

```
# include <array>
```

② 声明一个由 10 个 int 类型元素组成的数组：

```
array <int,10> balances;
```

③ 最初,数组中的元素的值是未被定义的,因为它们都是基本数据类型 int。因此,需要使用 for 循环来初始化数组,将每个元素的值按照其序号进行初始化。操作符 size()用于计算数组的大小,下标操作符"[]"用于访问数组的每个位置：

```
for (int i = 0; i < balances.size(); ++ i)
{
  balances[i] = 0;
}
```

④ 更新第一个和最后一个用户的值。可以使用 front()和 back()来访问这些用户的账户：

```
balances.front() += 100;
balances.back() += 100;
```

我们希望存储任意数量用户的账户余额。然后,想向账户列表中添加 100 个余额为 500 的用户。

⑤ 可以使用向量来存储任意数量的用户。向量类定义在 <vector> 头文件中：

```
# include <vector>
```

⑥ 声明一个类型为 int 的向量。可以选择通过调用 reserve(100)保留足够的内存来存储 100 个用户的账户,从而避免内存重新分配：

```
std::vector <int> balances;
balances.reserve(100);
```

⑦ 修改 for 循环,将用户的余额添加到账户向量的末尾：

```
for (int i = 0; i < 100; ++i)
{
    balances.push_back(500);
}
```

任务 20：通过给定的用户名检索用户的余额

① 引入映射类和字符串的头文件：

```
#include <map>
#include <string>
```

② 创建一个映射，其关键字为 std::string，值为 int 类型：

```
std::map <std::string, int>
balances;
```

③ 使用 insert 和 std::make_pair 将用户余额插入到映射内。第一个参数是关键字，第二个参数是值：

```
balances.insert(std::make_pair("Alice",50));
balances.insert(std::make_pair("Bob", 50));
balances.insert(std::make_pair("Charlie", 50));
```

④ 使用 find 函数（提供用户名）来查找账户在映射中的位置，并与 end() 进行比较，以检查是否找到了有效的位置：

```
auto donaldAccountPos = balances.find("Donald");
bool hasAccount = (donaldAccountPos != balances.end());
std::cout << "Donald has an account: " << hasAccount << std::endl;
```

⑤ 寻找 Alice 的账户。我们已经知道 Alice 拥有账户，所以不需要检查是否找到了一个有效的位置。可以使用 —> second 打印账户的值：

```
auto alicePosition = balances.find("Alice");
std::cout << "Alice balance is: " << alicePosition -> second << std::endl;
```

任务 21：按顺序处理用户注册

① 引入堆栈类的头文件：

```
#include <stack>
```

② 创建一个堆栈并给定需要存储的数据类型：

```
std::stack <RegistrationForm> registrationForms;
```

③ 在用户注册时将表单存储在堆栈中。在 storeRegistrationForm 函数体中，将元素存入队列：

```
stack.push(form);
std::cout << "Pushed form for user " << form.userName << std::endl;
```

④ 在函数 endOfDayRegistrationProcessing 中，获取堆栈中的所有元素，然后处理这些元素。可以使用方法 top() 访问堆栈中最顶端的元素，再使用方法 pop() 删除该顶端元素。当堆栈中没有元素时，即停止上述操作：

```
while(not stack.empty()) {
    processRegistration(stack.top());
```

```
        stack.pop();
    }
```

⑤ 使用测试数据来调用函数：

```
int main(){
    std::stack <RegistrationForm> registrationForms;
    storeRegistrationForm(registrationForms, RegistrationForm{"Alice"});
    storeRegistrationForm(registrationForms, RegistrationForm{"Bob"});
    storeRegistrationForm(registrationForms, RegistrationForm{"Charlie"});
    endOfDayRegistrationProcessing(registrationForms); }
```

任务 22：机场管理系统

① 为了创建 Airplane 类，需要确保引入变体的头文件：

```
#include <variant>
```

② 创建 Airplane 类，并包含一个将飞机的当前状态设定为 AtGate 的构造函数：

```
class Airplane {
    std::variant <AtGate, Taxi, Flying> state;
    public:
    Airplane(int gate) : state(AtGate{gate}) {
        std::cout << "At gate " << gate << std::endl;
    }
};
```

③ 实现 startTaxi()方法。用 std::holds_alternative <>()检查飞机的当前状态，如果飞机没有处于正确的状态，则编写并返回一条错误消息。

④ 如果飞机处于正确的状态，则通过将 Taxi 赋给变体 state 来改变飞机状态为滑行：

```
void startTaxi(int lane, int numPassengers) {
    if (not std::holds_alternative <AtGate> (state)) {
        std::cout << "Not at gate: the plane cannot start taxi to lane "
        << lane << std::endl;
        return;
    }
    std::cout << "Taxing to lane " << lane << std::endl;
    state = Taxi{lane, numPassengers};    }
```

⑤ 对 takeOff()方法重复同样的过程：

```
void takeOff(float speed) {
    if (not std::holds_alternative <Taxi> (state)) {
        std::cout << "Not at lane: the plane cannot take off with speed "
        << speed << std::endl;
```

```
        return;
    }
    std::cout << "Taking off at speed " << speed << std::endl;
    state = Flying{speed};
}
```

⑥ 现在可以来看看 currentStatus()方法了。想要对变体中的每个状态执行操作，可以使用 visitor 类。

⑦ 在 Airplane 类之外,创建一个对飞机的每种状态都有对应的 operator()方法的类。在方法内部,打印飞机的状态信息。请谨记,需要设置方法为公共的:

```
class AirplaneStateVisitor {
  public:
    void operator()(const AtGate& atGate) {
      std::cout << "AtGate: " << atGate.gate << std::endl;
    }
  void operator()(const Taxi& taxi) {
    std::cout << "Taxi: lane " << taxi.lane << " with " << taxi.
    numPassengers << " passengers" << std::endl;    }
  void operator()(const Flying& flying) {

    std::cout << "Flaying: speed " << flying.speed << std::endl;
  }
};
```

⑧ 创建 currentStatus()方法,并使用 std::visit 对当前的飞机状态调用 visitor:

```
void currentStatus() {
    AirplaneStateVisitor visitor;
    std::visit(visitor, state);
}
```

⑨ 可以尝试从 main()函数中调用 Airplane 的函数:

```
int main()
{
    Airplane airplane(52);
    airplane.currentStatus();
    airplane.startTaxi(12, 250);
    airplane.currentStatus();
    airplane.startTaxi(13, 250);
    airplane.currentStatus();
    airplane.takeOff(800);
    airplane.currentStatus();
    airplane.takeOff(900);
}
```

第 7 章——面向对象编程

任务 23：创建游戏角色

① 创建 Character 类，该类拥有公共方法 moveTo，用于打印 Moved to position：

```cpp
class Character {
   public:
     void moveTo(Position newPosition) {
       position = newPosition;

       std::cout << "Moved to position " << newPosition.positionIdentifier
         << std::endl;
     }
   private:
    Position position;
};
```

② 创建一个名为 Position 的结构体：

```cpp
struct Position {
  //此处为描述位置的字段
   std::string positionIdentifier;
};
```

③ 创建两个派生自 Character 的类——Hero 和 Enemy：

```cpp
// Hero 从 Character 中公共继承：它拥有 Character 类的所有公共成员
 class Hero : public Character { };
// Enemy 与 Hero 一样从 Character 中公共继承
 class Enemy : public Character {
};
```

④ 创建 Spell 类，该类包含一个可打印施法者名字的构造函数：

```cpp
class Spell {
 public:
     Spell(std::string name) : d_name(name) {}
     std::string name() const {
        return d_name;
     } private:
     std::string d_name;
 };
```

⑤ Hero 类应该有一个公开方法来使用魔法，该方法使用来自 Spell 类的值：

```cpp
public:
```

```cpp
void cast(Spell spell) {
    //使用魔法
    std::cout << "Casting spell " << spell.name() << std::endl;
}
```

⑥ Enemy 类应该有一个公开方法来挥舞剑,该方法会打印 Swinging sword:

```cpp
public:
    void swingSword() {
        //挥舞剑
        std::cout << "Swinging sword" << std::endl;
    }
```

⑦ 实现 main()方法,该方法在不同的类中调用这些方法:

```cpp
int main()
{
    Position position{"Enemy castle"};
    Hero hero;
    Enemy enemy;
    //对 Hero 调用 moveTo,这将调用从 Character 类中继承的方法
    hero.moveTo(position);
    enemy.moveTo(position);
    //仍然可以使用 Hero 和 Enemy 方法
    hero.cast(Spell("fireball"));
    enemy.swingSword();
}
```

任务 24: 计算员工工资

① 可以创建 Employee 类,该类有两个虚方法,即 getBaseSalary 和 getBonus,因为希望根据 Employee 的类型更改这些方法:

```cpp
class Employee {
    public:
    virtual int getBaseSalary() const { return 100; }
     virtual int getBonus(const Deparment& dep) const {
        if (dep.hasReachedTarget()) {

        }
        return 0;
    }
```

② C++还定义了一个方法 getTotalComp(),该方法不需要为虚拟的,但是可以调用两个虚方法:

```
        int getTotalComp(const Deparment& dep) {

        }
};
```

③ 从 Employee 类派生出一个 Manager 类,并在其中重写计算奖金的方法。如果我们想给经理不同的底薪,可能还需要重写 getBaseSalary:

```
class Manager : public Employee {
    public:
        virtual int getBaseSalary() const override { return 150;
    }
        virtual int getBonus(const Deparment& dep) const override {
          if (dep.hasReachedTarget()) {
            int additionalDeparmentEarnings = dep.effectiveEarning() - dep.espectedEarning();
            return 0.2 * getBaseSalary() + 0.01 * additionalDeparmentEarnings;
        }
          return 0;
    }
};
```

④ 创建 Department 类,如下所示:

```
class Department {
    public:
        bool hasReachedTarget() const {return true;}
        int espectedEarning() const {return 1000;}
        int effectiveEarning() const {return 1100;}
};
```

⑤ 在 main() 函数中调用 Department、Employee 和 Manager 类,如下所示:

```
int main()
{
  Department dep;
  Employee employee;
  Manager manager;
  std::cout << "Employee: " << employee.getTotalComp(dep) << ".
  Manager: " << manager.getTotalComp(dep) << std::endl;
}
```

任务 25:检索用户信息

① 需要编写独立于数据来源的代码,因此创建一个接口 UserProfileStorage 来从 UserId 获取 CustomerProfile:

```
struct UserProfile {};
```

```
  struct UserId {};
class UserProfileStorage {
    public:
      virtual UserProfile getUserProfile(const UserId& id)
 const = 0;

          virtual ~UserProfileStorage() = default;
    protected:
      UserProfileStorage() = default;
      UserProfileStorage(const UserProfileStorage&) = default;
      UserProfileStorage& operator = (const UserProfileStorage&)
 = default; };
```

② 编写从 UserProfileStorage 继承的 UserProfileCache 类：

```
class UserProfileCache : public UserProfileStorage {
    public:
      UserProfile getUserProfile(const UserId& id) const override {
        std::cout << "Getting the user profile from the cache" << std::endl;
        return UserProfile();
    }
};
void exampleOfUsage(const UserProfileStorage& storage) {
        UserId user;
        std::cout << "About to retrieve the user profile from the storage" << std::endl;
        UserProfile userProfile = storage.getUserProfile(user);
    }
```

③ 在 main( )函数中，调用 UserProfileCache 类和 exampleOfUsage 函数，如下所示：

```
int main()
{
    UserProfileCache cache;
    exampleOfUsage (cache);
}
```

任务 26：为 UserProfileStorage 创建一个 Factory

① 编写以下需要使用 UserProfileStorage 类的代码。为此，提供了 factory 类，该类有一个提供 UserProfileStorage 实例的 create 方法。编写该类，并确保用户不必手动管理接口的内存：

```
# include <iostream>
# include <memory>
# include <userprofile_activity18.h>
```

```
class UserProfileStorageFactory {
 public:
    std::unique_ptr <UserProfileStorage> create() const {
        return std::make_unique <UserProfileCache> ();
    }
};
```

② 我们希望 UserProfileStorageFactory 类返回 unique_ptr，以便它能够管理接口的生命周期：

```
void getUserProfile(const UserProfileStorageFactory& storageFactory) {
    std::unique_ptr <UserProfileStorage> storage = storageFactory.create();
    UserId user;
    storage - > getUserProfile(user);
    //内存被自动销毁
}
```

③ 在 mian()函数中，调用 UserProfileStorageFactory 类，如下所示：

```
int main()
{
    UserProfileStorageFactory factory;
    getUserProfile(factory);
```

任务 27：使用数据库连接多个操作

① 创建一个可以并行使用的 DatabaseConnection 类。我们想要尽可能多地复用它，并且知道可以使用 std::async 来开始一个新的并行任务：

```
# include <future>
struct DatabaseConnection {};
```

② 假设有两个函数 updateOrderList（DatabaseConnection&）和 scheduleOrder-Processing(DatabaseConnection&)，编写一个函数来创建 DatabaseConnection，并将其提供给两个并行任务。（注意，并不知道哪个任务先完成）：

```
void updateOrderList(DatabaseConnection&) {}
void scheduleOrderProcessing(DatabaseConnection&) {}
```

③ 必须了解何时以及如何创建 shared_ptr。还可以使用以下代码正确地编写 shared_ptr：

```
/ * 需要获得 shared_ptr 的副本，以便它在此函数完成之前始终保持有效 * /
void updateWithConnection(std::shared_ptr <DatabaseConnection>
connection)
{
    updateOrderList( * connection);
```

```
}
```

该连接有多个用户，而我们并不知道哪个用户是所有者，因为只要有人在使用该连接，该连接就需要保持有效。

④ 为了实现这一点，我们使用 shared_ptr。请记住，需要 shared_ptr 的副本，以便连接保持有效：

```
/* 需要获得 shared_ptr 的副本，以便它在此函数完成之前始终保持有效 */
void scheduleWithConnection(std::shared_ptr <DatabaseConnection>
connection) {
    scheduleOrderProcessing(*connection);
}
```

⑤ 创建 mian()函数，如下所示：

```
int main()
{
    std::shared_ptr <DatabaseConnection> connection = std::make_
    shared <DatabaseConnection> ();
    std::async(std::launch::async, updateWithConnection, connection);
    std::async(std::launch::async, scheduleWithConnection, connection);
}
```